100道零失敗

當令果醬✕減糖果醬✕鹹味抹醬，健康美味

常備果醬
研究室

保存當季水果的滋味，
隨時可以品嚐豐富的美味！

有果醬的幸福生活

水果與砂糖這兩種食材製成的果醬，是一種成分非常單純的保存食品，雖然成分很單純，卻會因著每一次使用的食材不同的味道、香味、酸味與甘甜等配方，產生令人驚豔的不同面貌。

將做好的果醬放入瓶內，散發出一種與新鮮水果截然不同的深沉亮澤，這種美麗的色彩是每次製作果醬最令人期待的一刻。不管是透過玻璃瓶欣賞瓶中的果醬，或是打開瓶蓋用湯匙翻挖果醬的那瞬間，都是只有自己動手製作才能體會的喜悅。

有了自己製作的果醬，最常見的就是搭配早餐的吐司或是優格一起享用；書中也會介紹搭配抹醬所製作的簡單甜點，藉由這些常備食譜豐富您的日常生活。此外，不會太甜的減糖配方、利用微波爐即可製作的簡單手法也都會在書中一一呈現。

只要記住了基本的製作方法，即可混搭其它食材、添加不同的香氣，請試著挑戰看看創造出專屬於您的味道。

果醬之外，還有許多利用其它食材所製成的抹醬：蔬菜抹醬、牛奶或是豆類等食材、鹹抹醬等特別的口味，在書中會有許多篇幅介紹這些我喜歡的口味。

對於第一次製作的讀者，從調理工具的選擇方式到玻璃瓶的消毒方法，皆會在書中以簡明的方式說明。我特別錄製了「最基本的草莓果醬作法」的教學影片，請掃描 P.19 的 QRcode 觀賞。

期許藉由這本書，能夠將瓶中的甜美幸福傳遞到您的餐桌上。

飯田 順子

水果月曆

市面上常見水果的產季以月曆的方式陳列如下。雖然現今有許多水果已經不分產季，一年四季皆可品嚐，但仍建議購買當季的水果，香味最突出、而且價格通常好入手。

芒果、木瓜、香蕉、奇異果、葡萄柚、柳橙、鳳梨｜一年四季

椪柑｜1~2 月

夏蜜柑｜3~5 月

百香果、櫻桃｜5~7 月

無花果｜6~12 月

黑醋栗｜6~8 月

覆盆子｜6~10 月

桃子、杏桃｜7~8 月

香瓜｜7~9 月

葡萄｜7~11 月

藍莓｜8~11 月

蘋果、洋梨｜9~12 月

栗子｜9~10 月

橘子｜10~2 月

草莓｜10~5 月

檸檬｜11~3 月

香橙｜12~2 月

水果名稱｜採收月份　　1 月　　2 月　　3 月　　4 月　　5 月

下方的水果皆是以最常見的品種爲基準，但還是會有部分品種出產於其它季節。有別於溫室栽培的蔬果一年四季皆可取得，種植於農地的蔬果會依照地區與氣候，而有產季的分別；因此，辨別並購買當季的蔬果，也是製作保存食品的樂趣之一。至於從世界各地引進的食材，則無關乎下方的列表，一年之間隨時皆可取得。

編註：書裡收錄的水果產季是以日本當地的情況介紹，台灣的水果因應氣候或是其他條件的差異會有些許不同。

	6 月	7 月	8 月	9 月	10 月	11 月	12 月

Contents

● PART 1

當令水果經典果醬

創意口味果醬

製作果醬的
基本功

任何一種水果皆是採用同樣的作法、工具,接下來,讓我們來認識事前準備、烹煮果醬的方式吧!

1 | 工具

製作果醬沒有繁瑣的過程,僅僅是將水果與砂糖熬煮即可完成。雖說如此,稍稍燒焦的氣味等因素皆會影響果醬的香氣,因此使用最適合的工具來熬煮果醬,可以說是果醬成功的秘訣。

★鍋子

最適合熬煮果醬的是琺瑯鍋。琺瑯鍋不易受到水果的酸味影響、不容易燒焦,挑選淺色系的鍋具則方便觀察烹煮過程的狀態。不鏽鋼的鍋具亦可,但請不要使用鋁鍋或是鐵鍋。尺寸上,太大的鍋具容易燒焦,太小的鍋具則不易攪拌,建議使用 20cm 大小的單柄鍋子。

★木鏟與橡膠刮刀

為了不讓果醬沾鍋黏底,需要在熬煮過程不停攪拌翻動,需要一把可以輕鬆攪拌至鍋底且不傷鍋具材質的鍋鏟。木製鍋鏟最為常見;可耐熱的橡膠刮刀也很推薦。

★保存容器

製作好的果醬需要放入容器內保存。好不容易製作好的果醬,建議選用透明的玻璃瓶才能欣賞其美麗的色澤。玻璃瓶需事先煮沸消毒再使用。為了能夠長期保存,請使用可以確實密封的容器。

2 美味的秘訣

只要依照這 4 項簡單的步驟與重點，就可以輕易完成美味的果醬。

1

等待水分釋放

持續攪拌水果與砂糖，直到草莓充分出水，呈現濕潤的狀態為重點。直接將水果與砂糖放入鍋內攪拌烹調、加熱，可以省去多洗一個碗盤的手續。

2

以稍大的火力加熱並持續攪拌

請記得開稍大的火力煮沸。為了避免燒焦而只開小火加熱的話，不僅香氣容易飛散，烹煮時間過長容易變硬。

POINT 3

頻繁地去除表面的浮沫

開大火加熱，很快就會沸騰並冒出許多浮沫，稍稍將火力轉弱，讓這些泡沫可以聚集，趁這個時間快速撈取。請使用勺子等器具仔細地將漂浮在表面的浮泡去除，才能完成沒有雜味的果醬。

POINT 4

避免煮得過久而使果醬過稠

美味的果醬，關鍵在於適度的濃稠感。請注意即使在溫熱的狀態下質感較稀，冷卻之後仍會變稠。初學者可以將小碟子放入冷凍庫冷卻備用，將做好的果醬滴一滴於小碟子上，汁液不會快速流下的話即可熄火。

3 | 保存方法

確實地遵循步驟執行，果醬即可長時間的保存。如果是短時間就會吃完，僅需使用滾水消毒保存容器即可。請依照保存期間選擇合適的消毒步驟。

除了瓶身的消毒，糖分的比例也相當重要。本書依照口味和保存性，以 60% 糖分的比例為基準。一般的果醬，如果砂糖的比例未達水果重量的 50%，難以形成濃稠的狀態，保存期限也會隨之縮短。其它減糖配方的果醬、使用微波爐製作的果醬、鹹抹醬、使用乳製品、豆漿、雞蛋、馬鈴薯等食材製作的凝乳類或抹醬類 (P.170-176) 等食譜，則以一個星期內食用完畢為前提所設計。請務必將做好的果醬放入清潔的容器內，放入冷藏庫保存。

盡快吃完
也是保存方式之一

本書所介紹的基本食譜，以中尺寸的保存容器 1~2 瓶份量為基準。喜歡吃果醬的家庭，大約數日即可吃完，保存於清潔的保存容器內，再放入冰箱的冷藏室即可。放到 1 個星期到 10 天左右皆不成問題。容器可選擇保鮮盒，或是附蓋的玻璃容器皆可以。

冷凍保存

沒有辦法馬上吃完，又嫌煮沸或真空消毒手續麻煩的話，建議可將果醬分裝成小份保存於冷凍庫。基本上呈現濃稠狀的果醬皆適用冷凍保存。將一份一份分裝好的果醬密封放入冷凍庫，食用的時候自然解凍即可。纖維質較多的水果、牛奶、鮮奶油、雞蛋等食材製作的凝乳類或抹醬則不適用此保存方式。

A. 滾水消毒
★保存期間 常溫 2~3 個禮拜

仔細清洗過的保存容器和瓶蓋放入耐熱的調理碗裡，淋上煮沸過的滾水，使其暫時浸泡在熱水裡；取出之後將熱水瀝乾，將容器倒扣在清潔的布巾上自然乾燥。剛做好的果醬請趁熱盛入容器內約瓶口的位置並儘快密封。

B. 煮沸消毒
★保存期間 常溫 3~6 個月

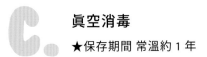

在鍋內倒入可以完全蓋過容器的水量將其煮沸，將仔細清洗過的保存容器與瓶蓋放入滾水內持續沸騰 3~4 分鐘。熄火後取出並將容器倒扣在清潔的布巾上蒸發水分。剛做好的果醬請趁熱盛入容器內約瓶口的位置並密封，以倒扣的方式冷卻。

C. 真空消毒
★保存期間 常溫約 1 年

幾乎是接近完全殺菌的消毒方法。與煮沸消毒同樣的方式先消毒容器，將剛做好的果醬趁熱盛入容器內約瓶口的位置，不需鎖緊瓶蓋，輕輕蓋上即可；接著在鍋內倒入約是玻璃容器高度八分滿深度的熱水，並再次使其沸騰，快速地將容器放入滾水內持續加熱 5~10 分鐘，取出後完全鎖緊瓶蓋，以倒扣的方式冷卻即可。

> 上述的保存期間是以果醬製作好馬上密封保存為前提。開封後冷藏保存下，請約在 2 個星期內享用完畢（減糖配方的果醬、使用微波爐製作的果醬、鹹抹醬、使用乳製品、豆漿、雞蛋、馬鈴薯等食材製作的凝乳類或抹醬類(P.170-176)，請在 1 星期內食用完畢）。

4 | 果醬的活用術

雖然希望大家都能品嚐到手工果醬的新鮮美味，但對於正在減肥或是飲食控制而必須選擇減糖配方的讀者，或是希望短時間迅速完成的讀者們，請參考本書介紹的減糖配方和使用微波爐製作的方法。

可以改變砂糖的種類

基本上製作果醬所使用的砂糖爲容易分解、沒有雜味並能襯托水果香氣和味道的細砂糖 (グラニュー糖)，亦可使用上白糖；使用三溫糖製作的話，成品會稍稍上色，帶著純樸的味道；使用蔗糖或是黑糖，果醬會飄散著較爲濃郁的味道。

減糖配方

減糖配方的果醬，砂糖的量請以水果重量的 20%~30% 爲基準。作法則與一般果醬相同 (P18)，保存期間會較短。採用眞空消毒 (P13) 的話，常溫約可保存 2 個月；不密封冷藏的話則爲 1 星期到 10 天左右。

對照水果的重量，砂糖的量請控制在水果的 20%~30% 爲準。這是糖分可控制的最低極限。

由於加入的砂糖量較少，和水果攪拌等待出水所需的時間會較久。請仔細拌勻，靜待水果和糖分釋出水分的狀態。

關於砂糖的量：為了維持果醬的保存期限，需要添加入一定比例的砂糖。砂糖更是維持果醬濃稠感不可或缺的元素；因此為了滿足保存期限和口感這兩個要素，砂糖的量建議約是水果重量的 60%。這樣設定在於，果醬內過多的水分是造成果醬腐敗的原因，而砂糖 1g 約可吸附 2g 的水分，因此加入水果重量 50% 以上的糖分為必要的；另外一個理由，為了讓果醬呈現濃稠的狀態，需要「果膠」的成分，而添加 60% 以上的砂糖才有辦法讓果膠發揮作用。總歸上述的理由，製作「減糖配方」的果醬，由於添加的砂糖較少，保存期限與濃稠度都會比正常的果醬來的低。請記得如同保存食物般，製作好的果醬同樣需置入乾淨的保存容器內並放入冰箱冷藏。

使用微波爐製作

使用鍋子製作的時候，必須不使其燒焦而不停地攪拌，反之使用微波爐的話即可輕鬆快速的製作。不需開火加熱，藉由微波爐短時間的加熱散發出水果新鮮的香氣與味道，吃起來比較像是水果醬汁的口感。

★使用耐熱器皿

被加熱時的砂糖在呈現沸騰的狀態之下容易飛濺，請記得準備稍大口徑的耐熱器皿。建議使用容量約 1.5L(直徑 22~25cm) 的器皿，或是可耐熱的矽膠容器。

★食材請切成小一點的尺寸

比起一般作法的果醬，由於加熱的時間較為短暫，水果請切成小一點的尺寸才能均勻地加熱。依照水果的種類，細砂糖的量也會有所改變，基本上請加入至少 40% 的砂糖。

作法

❶在耐熱容器內放入水果與細砂糖，仔細攪拌均勻。請靜置等候水果出水。

❷首先放入微波爐內加熱數分鐘，再取出並用勺子等工具將表面上的浮沫撈取。作業的時候請使用隔熱手套以防燙傷。

❸再度放入微波爐內加熱。依照水果的種類需要重複此步驟數次。看起來似乎要膨脹溢出時，請先取出攪拌後再放回微波爐，持續加熱至出現透明感即完成。

關於本書

1. 本書的液體以 ℓ、mℓ 為單位表示，其它的食材則以 g 為單位表示。

※ 水果的重量是採用淨重計算。砂糖的重量是依照保存性、味道、方便製作的份量等因素所決定 (基本為 60 %)。甜味雖可依照喜好調整，但砂糖的量如果未達到水果重量 50 % 的話，難以形成果醬的濃稠感，保存期限也會因此縮短，請添加至少水果淨重 50 % 以上的糖量。

※ 本書所記載的份量，基本上以容易購買、容易製作的數量為主。若是想要大量製作、水果重量較重或較小的時候，請依照同樣的比率去調整，例如：使用兩倍水果的量，砂糖或檸檬汁的量也請同樣調整為兩倍。

2. 完成的份量為預測值。依照水果的水分量或是煮法仍會有差異。

3. 1 大匙為 15mℓ，1 小匙為 5mℓ，1 杯水為 200mℓ。鍋具請使用琺瑯鍋或是較厚的不鏽鋼鍋，鍋鏟建議以木鏟或耐熱的橡膠抹刀為主。

4. 請依照想要保存的期限選擇適合自己的保存方式 (參照 P12)。沒有特別註記的話，基本上採用真空消毒的果醬皆可保存一年。開封後仍然需要放入冰箱冷藏，1~2 個星期內食用完畢。

5. 使用微波爐加熱的時間，以 600W 為標準。微波爐或烤箱的加熱時間會依照機種而有些微差異，加熱的同時請留意果醬的狀態調整。

當令水果
經典果醬

以草莓、蘋果、柑橘類的水果爲開場,這個章節所
介紹的都是經典水果的果醬。選擇減糖配方、使用
微波爐製作的食譜則會呈現不同的風味,請務必嘗
試看看。

草莓果醬

草莓果醬可說是最基本的果醬之一，
讓我們來熟悉這款果醬的作法以及保存方式吧！

材料 (約 300mℓ 份量)
草莓……300g
細砂糖……180g
檸檬汁……1/2 顆份

いちごジャム

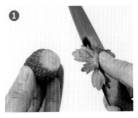

❶ 清洗草莓並去取蒂頭。較爲大顆的草莓請對半切。

❷ 將草莓放入鍋內，加入細砂糖和檸檬汁覆蓋住草莓並拌勻，靜置約 30 分鐘待草莓出水。

❸ 經過約 20~30 分鐘後，會開始冒出大量的水分。

❹ 開大火，開始沸騰後即可轉爲中火，爲了不要燒焦黏鍋，熬煮的同時請持續使用鍋鏟攪拌。

❺ 途中會開始冒出浮沫，請頻繁的使用勺子清除。仔細的去除掉帶有雜味的浮沫，才能製作出美味的果醬。

❻ 草莓開始呈現出透明感、整體爲濃稠的狀態時即可熄火。

❼ 過度加熱的話，果醬冷卻後會更稠。可以事先將小碟子放入冷凍庫預冷，將煮好的果醬少量滴於碟上，汁液不會快速流下的話即可熄火。

❽ 請趁熱將果醬盛入煮沸消毒過的保存瓶內(P.13)。如果想要長期保存的話，請將果醬盛到瓶口處的位置。

❾ 確實地轉緊瓶蓋，再將瓶身倒扣冷卻。

參考教學影片

趁熱填裝時，請小心不要被變熱的瓶身所燙傷。作業時請使用手套或是布巾輔助。

いちご＆ラズベリージャム

草莓＆覆盆子果醬

將草莓與覆盆子這兩種莓果類的酸味、甜美和香氣融合在一起的絕佳組合。

材料 (約 500mℓ 份量)

草莓……300g

覆盆子 (冷凍食材亦可)……200g

細砂糖……250g

檸檬汁……1/2 顆份

作法

❶ 草莓清洗乾淨並去除蒂頭,較大顆的草莓請對半切;覆盆子十分脆弱請小心清洗,並擦拭掉水分。

❷ 將草莓和覆盆子放入鍋內,加入細砂糖和檸檬汁拌勻,靜置約 30 分鐘。

❸ 開始出水呈現濕潤狀態時,轉大火加熱,沸騰後調整爲中火,一邊使用濾網去除掉浮沫,一邊持續熬煮果醬約 15 分鐘。熬煮的同時,請記得使用木匙等工具不停地翻動。

❹ 煮至果醬變濃稠狀時即可熄火。

＼＼ POINT ／／

請將細砂糖和檸檬汁拌勻平鋪在鍋內各處。

覆盆子相當嬌弱,用木匙攪拌時請小心不要弄碎。

如果使用冷凍的覆盆子,不須清洗直接使用即可。

草莓香草果醬

時髦感升級！帶著香草香氣的甜點風格果醬。

材料 (約 300mℓ 份量)

草莓……300g

細砂糖……180g

香草莢……1/2 條

作法

❶ 請依照 P.18 基本的草莓果醬作法步驟 1~5 製作熬煮約 10 分鐘。

❷ 將香草莢切半，取出香草籽(沒有香草莢的話，亦可使用 3 滴香草精代替。)，連同豆莢一起放入步驟①內熬煮約 5 分鐘，同時使用木匙持續攪拌。

❸ 煮至果醬變濃稠狀時即可熄火。

いちごバニラジャム

一整顆草莓的草莓果醬

將飽滿的草莓果實細細熬煮，大粒果實的奢侈口感讓人期待。

材料 (約 300mℓ 份量)

草莓……300g

細砂糖……150g

檸檬汁……1/2 顆份

作法

❶ 將草莓清洗乾淨並去除蒂頭。

❷ 將草莓放入鍋內，加入細砂糖和檸檬汁拌勻，靜置約 30 分鐘。

❸ 開始出水呈濕潤狀態時，轉大火加熱，沸騰後調整爲中火，一邊使用濾網去除掉浮沫，一邊持續熬煮。草莓熟透之後，請將果肉先取出。

❹ 繼續用木匙將剩下的汁液一邊攪拌，一邊用中火熬煮。煮到果醬呈現濃稠狀，即可將果肉放回鍋內，再次煮沸即可熄火。

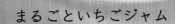

まるごといちごジャム

草莓薄荷果醬

果醬中帶著薄荷的清爽香氣，讓這款果醬的甘甜與成熟的風味更顯魅力。

材料 (約 300mℓ 份量)

草莓……300g
細砂糖……180g
檸檬汁……1/2 顆份
新鮮薄荷葉……5~6 片

作法

❶ 將草莓清洗乾淨並去除蒂頭，較大顆的草莓請對半切。

❷ 將草莓放入鍋內，加入細砂糖和檸檬汁拌勻，靜置約 30 分鐘。

❸ 開始出水呈現濕潤狀態時，轉大火加熱，沸騰後調整為中火，一邊使用濾網去除掉浮沫，一邊持續熬煮果醬約 15 分鐘。熬煮的同時，請記得使用木匙等工具不停地翻動。

❹ 煮至果醬變濃稠時即可熄火。熄火前將薄荷葉撕碎加入果醬內即可。

いちごミントジャム

草莓煉乳果醬

加入懷舊風味的甘甜煉乳，濃密的牛奶香氣讓這款果醬口感更加圓潤。

材料 (約 300mℓ 份量)

草莓……300g
細砂糖……130g
含糖煉乳……50mℓ

作法

❶ 將草莓清洗乾淨並去除蒂頭，較大顆的草莓請對半切。

❷ 將草莓放入鍋內，加入細砂糖並攪拌均勻，靜置約 30 分鐘。

❸ 開始出水呈現濕潤狀態時，轉大火加熱，沸騰後調整爲中火，一邊使用濾網去除掉浮沫，一邊持續熬煮果醬約 15 分鐘。熬煮的同時，請記得使用木匙等工具不停地翻動。

❹ 煮至果醬變濃稠狀時即可熄火。熄火前將煉乳倒入即可。

いちご練乳ジャム

いちごルバーブジャム

草莓大黃果醬

大黃特有的酸勁和纖維與草莓交織在一起，甜中帶酸的口味十分健康又清爽。

材料 (約 550mℓ 份量)

草莓……300g

大黃……200g

細砂糖……280g

檸檬汁……1 顆份

什麼是大黃？

大黃是一種源於蓼科的植物，與中醫常用的馬蹄大黃爲相似的植物。帶有豐富的纖維質、獨特的香氣與酸味，含有大量的果膠成分。通常會使用其鮮紅的莖梗，在西方長久以來就屬於會被運用在果醬或果凍的材料。大黃果醬也是常見的果醬之一：300g 的大黃，請加入 180g 的 細砂糖、1 顆份的檸檬汁。

作法

❶ 將草莓清洗乾淨並去除蒂頭，較大顆的草莓請對半切。大黃切成約 1cm 的厚度。

❷ 將水果放入鍋內，加入砂糖和檸檬汁攪拌均勻，靜置約 30 分鐘。

❸ 開始出水呈現濕潤狀態時，轉大火加熱，沸騰後調整爲中火，一邊使用濾網去除掉浮沫，一邊持續熬煮果醬約 15 分鐘。熬煮的同時，請記得使用木匙等工具不停地翻動。

❹ 煮至果醬變濃稠狀時即可熄火。

いちご&バナナジャム

草莓&香蕉果醬

草莓的酸甜加上香蕉的甘美，讓這款果醬的甜味更鮮明且味道越加深邃。

材料 (約 700mℓ 份量)

草莓……300g

香蕉……300g

細砂糖……280g

檸檬汁……1 顆份

作法

❶ 將草莓清洗乾淨並去除蒂頭，較大顆的草莓請對半切。香蕉剝皮，切成厚度約 1cm 的圓片狀。

❷ 水果放入鍋內，加入細砂糖和檸檬汁攪拌均勻，靜置約 30 分鐘。

❸ 開始出水呈現濕潤狀態時，轉大火加熱，沸騰後調整爲中火，一邊使用濾網去除掉浮沫，一邊持續熬煮果醬約 15 分鐘。熬煮的同時，請記得使用木匙等工具不停地翻動。

❹ 煮至果醬變濃稠狀時即可熄火。

加入香蕉的果醬，可在完成時依照喜好加入 1 小匙的蘭姆酒，讓香氣更爲突出。

いちごホワイトチョコレートジャム

草莓白巧克力果醬

濃厚的可可脂韻味與清爽的草莓交織出這款獨特的果醬，
馥郁的滋味讓人想直接挖來品嚐。

材料 (約 350mℓ 份量)

草莓……200g

細砂糖……60g

白巧克力……100g

牛奶……100mℓ

作法

❶ 將草莓清洗乾淨並去除蒂頭，較大顆的草莓請對半切。

❷ 將水果放入鍋內，加入細砂糖攪拌均勻，靜置約 30 分鐘。

❸ 開始出水呈現濕潤狀態時，轉大火加熱，沸騰後調整為中火，一邊使用濾網去除掉浮沫，一邊持續熬煮果醬約 15 分鐘。熬煮的同時，請記得使用木匙等工具不停地翻動。

❹ 將白巧克力切成細碎的狀態，放入別的容器內隔水加熱。將溫過的牛奶逐次倒入白巧克力的容器內，使用木鏟緩緩攪拌。

❺ 將步驟④分成 3~4 回加入步驟③內，攪拌均勻，煮至果醬呈現濃稠狀態時即可熄火。

POINT

將溫熱過約 80 度的牛奶加入融化的白巧克力內，
能夠更順利地融合一體。

草莓煮軟，稍微帶著濃稠狀
態時再加入白巧克力。

減糖草莓果醬

甘さ控えめいちごジャム

善用此配方能夠更凸顯草莓本身的酸味與香氣，吃起來充滿水果的新鮮滋味。

材料（約 300mℓ 份量）

草莓……200g
細砂糖……90g
檸檬汁……1/2 顆份

作法

1 將草莓清洗乾淨並去除蒂頭，較大顆的草莓請對半切。

2 將草莓放入鍋內，加入細砂糖、檸檬汁攪拌均勻，靜置約 30 分鐘。

3 開始出水呈現濕潤狀態時，轉大火加熱，沸騰後調整爲中火，一邊使用濾網去除掉浮沫，一邊持續熬煮果醬約 5 分鐘。熬煮的同時，請記得使用木匙等工具不停地翻動。

4 煮至鍋內的草莓開始變得透明濃稠時，即可熄火。

冷藏保存期限約 1 個星期～ 10 天

雖然保存期限較短，但完成時的濃稠感與口味，更品嚐得到水果本身的原味。

製作這款果醬的重點在於務必將細砂糖、檸檬汁和草莓拌勻。

開始出水呈現濕潤狀態時，開大火加熱，一邊熬煮一邊持續攪拌。

浮上表面的泡沫請頻繁地撈起，品嚐起來才不會帶有雜味。

微波草莓果醬製作

電子レンジで作るいちごジャム

使用微波爐製作的話一下子就可以完成，正好可以趕上早餐時間。

材料 (約 300mℓ 份量)

草莓⋯⋯200g
細砂糖⋯⋯100g
檸檬汁⋯⋯1/2 顆份

作法

1 將草莓清洗乾淨並去除蒂頭，較大顆的草莓請對半切，放入耐熱調理碗內 (P15)，加入細砂糖、檸檬汁拌勻，靜置約 30 分鐘。

2 開始出水呈現濕潤狀態時，再度攪拌均勻。不需覆蓋上保鮮膜，直接放入微波爐加熱 5 分鐘。

3 將調理碗取出，並用橡膠抹刀將浮沫移至鍋邊，再使用勺子撈取。再次拌勻並加熱 2~3 分鐘。

請使用耐熱的調理碗。建議爲直徑 22~25cm、容量 1.5ℓ 大小爲佳。

果醬處於沸騰的狀態從微波爐取出時，請務必使用隔熱手套。

將浮沫集中至鍋邊再撈取。撈取後請仔細拌勻。

剛完成的果醬雖然感覺較稀，冷卻後會變得更爲濃稠，請注意不要過度加熱。

冷藏保存期限約 1 個星期～ 10 天

草莓果醬的甜點杯 (VERRINE)

所謂的 Verrine，指的是放在杯子內的美味點心，
吃起來如同海綿蛋糕的口感。
將食材中的蜂蜜蛋糕更換成吐司也 OK。

いちごジャムのベリーヌ

材料 (2 杯份)

蜂蜜蛋糕 ……1 片

草莓果醬 (參考 P18) ……30g

鮮奶油……100ml

細砂糖……2 小匙

新鮮薄荷葉……適量

使用市售的蜂蜜蛋糕,切成 1cm 大小的方塊狀。

作法

❶ 在鮮奶油內加入細砂糖打發,放入擠花袋內。

❷ 將蜂蜜蛋糕切成 1cm 的塊狀,將 1/4 的份量逐個放入玻璃杯底。再將步驟① 擠入玻璃杯中 (約半杯的高度),接著放入約 1/4 份量的果醬。

❸ 把剩下的蜂蜜蛋糕、鮮奶油、果醬依序疊放至杯內。完成時放置薄荷葉點綴。

為了能夠更美觀的填入鮮奶油至玻璃杯內,請事先將鮮奶油填入擠花袋內。

果醬請用湯匙平穩地放入杯內。

再次將蜂蜜蛋糕疊放於杯內。將蜂蜜蛋糕以輕飄似般置於果醬之上,視覺效果會更美觀。

草莓果醬的生乳酪

在質樸的生乳酪上放上色彩繽紛的果醬。
由於不需再製作起士蛋糕的餅乾底座，
非常簡單的一道甜點。

いちごジャムのレアチーズ

材料 (4 杯份)

奶油乳酪 ……250g

吉利丁粉 ……7g

草莓果醬 (參照 P18) ……60g

原味優格 ……200g

鮮奶油 ……150ml

檸檬汁 ……1 大匙

裝飾用的草莓果醬 ……4 大匙份

作法

❶ 將奶油乳酪放到室溫下回溫。在耐熱調
理碗內加入 30ml 的水，撒入吉利丁粉
並泡開。鮮奶油打發至 8 分的程度。

❷ 使用橡膠刮刀反覆將奶油乳酪攪拌軟
化，依序加入草莓果醬、優格並持續攪
拌，讓整體呈現滑順的質感。最後加入
鮮奶油，從底部將整體仔細翻勻。

❸ 將步驟①的吉利丁放入微波爐內加熱
20~30 秒，連同檸檬汁一起加入步驟②
內，快速地攪拌。

❹ 在每個玻璃杯內倒入相同的容量，放入
冰箱冷藏約 30 分鐘。最後以草莓醬裝
飾。

將奶油乳酪放置室溫下回溫
後，較容易攪拌。

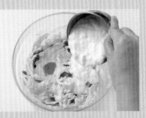

乳酪變得滑順後，再加入果
醬。

拌勻後再倒入優格，平穩地翻
拌。

整體拌勻後再將吉利丁加入容
器內，仔細拌勻。

大粒果實的蘋果果醬

果醬裡吃得到大片的蘋果果肉，連皮一起熬煮可以做出美麗的鮮紅色果醬。

ごろごろりんごジャム

材料(約500mℓ份量)

蘋果……400g

細砂糖……250g

檸檬汁……1/2 顆份

作法

❶ 將蘋果清洗乾淨。將蘋果帶皮切成 6 等分，去核，再切成約 5mm~1cm 厚的片狀。

❷ 將蘋果放入鍋內，加入細砂糖、檸檬汁翻勻，靜置約 30 分鐘。

❸ 開始出水呈現濕潤狀態時，轉大火加熱，沸騰後調整爲中火，一邊使用濾網去除掉浮沫，一邊持續熬煮果醬約 20 分鐘。熬煮的同時，請記得使用木匙等工具不停地翻動。

❹ 煮至蘋果熟透、呈現稍微透明的狀態即可熄火。

＼＼＼ POINT ／／／

請仔細清洗蘋果。連皮切成稍微厚一點的片狀，再放入鍋內。

蘋果皮的紅色色澤會擴散至果醬整體，當果肉呈現清澈透明的顏色時即完成。

りんごジャム　　　　　　　　　　　　　　りんごシナモンジャム

蘋果果醬

簡單的味道，每天早上吃也不會膩的蘋果果醬。

材料 (約 350ml 份量)

蘋果……300g

細砂糖……150g

檸檬汁……1/2 顆份

作法

❶ 將蘋果洗淨後削皮，切成 8 等分並去核，再切成薄片。

❷ 將蘋果片放入鍋內，加入細砂糖、檸檬汁攪拌均勻，靜置約 30 分鐘。

❸ 開始出水呈現濕潤狀態時，轉大火加熱，沸騰後調整為中火，一邊使用濾網去除掉浮沫，一邊持續熬煮果醬約 20 分鐘。熬煮的同時，請記得使用木匙等工具不停地翻動。

❹ 煮至蘋果熟透、呈現透明色澤的狀態即可熄火。

蘋果肉桂果醬

帶點肉桂氣息的蘋果果醬，宛如蘋果派的風味。

材料 (約 350ml 份量)

蘋果……300g

細砂糖……150g

檸檬汁……1/2 顆份

肉桂棒……1 條

作法

❶ 將蘋果洗淨後削皮，切成 8 等分並去核，再切成薄片。

❷ 將蘋果放入鍋內，加入細砂糖、檸檬汁攪拌均勻，靜置約 30 分鐘。

❸ 開始出水呈現濕潤狀態時，轉大火加熱，沸騰後調整為中火，一邊使用濾網去除掉浮沫，一邊持續熬煮果醬約 20 分鐘。熬煮的同時，請記得使用木匙等工具不停地翻動。

❹ 煮至蘋果熟透、呈現透明色澤之後，將肉桂棒折半放入果醬內，熄火。

りんごのジュレ

蘋果果凍

果汁裡因為富含大量的果膠，熬煮過會成為帶著輕透色澤又有黏性的果凍。
經過過濾後的果肉，則可以再次加熱，形成質地略微固態、帶點濃稠感的果醬。

材料 (約 800mℓ 份量)

蘋果……500g
水……800~1000mℓ
細砂糖……與步驟③的果汁相同重量
檸檬汁……1 顆份

作法

❶ 將蘋果洗淨，不需削皮去核，直接切成 4 等分。

❷ 將蘋果放入鍋內，加水並轉大火加熱，沸騰後調整為小火，熬煮約 1 個小時。熄火後，靜置放涼。

❸ 取出另一個鍋子，將鋪上廚房紙巾的濾網放置於此鍋上，將步驟②倒入。擠壓蘋果的話，質地會呈現混濁的狀態，請靜待讓果汁自然滴落即可。

❹ 加入細砂糖和檸檬汁使其沸騰，沸騰後調整成中火繼續熬煮到剩下約 1/3 左右的份量。

照片中右側是使用剩下的果肉製作而成的果醬。將皮與果核去除 (約 250g)，連同 125g 的細砂糖、1/2 顆份的檸檬汁放入鍋中轉中火加熱，持續使用木匙攪拌熬煮約 20 分鐘。

きび糖りんごジャム

蔗糖蘋果果醬

水果的清爽酸味與蔗糖的質樸香甜，和諧的融合為一體，
讓人無法錯過的一款美味果醬。

材料 (約 500mℓ 份量)

蘋果……400g

蔗糖……200g

檸檬汁……1/2 顆份

作法

❶ 將蘋果洗淨削皮、切成 8 等分並去核，再切成薄片。

❷ 將蘋果放入鍋內，加入蔗糖、檸檬汁攪拌，靜置約 30 分鐘。

❸ 開始出水呈現濕潤狀態時，轉大火加熱，沸騰後調整為中火，一邊使用濾網去除掉浮沫，一邊持續熬煮果醬約 20 分鐘。熬煮的同時，請記得使用木匙等工具不停地翻動。

❹ 煮至蘋果熟透、呈現透明色澤的狀態即可熄火。

POINT

將蘋果切成銀杏狀的薄片，
加入蔗糖與檸檬汁拌勻。

不停地攪拌，並仔細地將漂
浮在表面上的浮泡撈起。

減糖蘋果果醬

甘さ控えめりんごジャム

微微的酸味與口感讓人印象深刻，搭配吐司或是甜點都很適合的一款果醬。

雖然無法長時間保存，吃起來仍與濃稠的蘋果果醬口感相似。

材料（約 300mℓ 份量）

蘋果……300g
細砂糖……90g
檸檬汁……1/2 顆份

作法

1 將蘋果洗淨後削皮、切成 8 等分並去核，再切成薄片。

2 將蘋果放入鍋內，加入細砂糖、檸檬汁攪拌，靜置約 30 分鐘。

請靜待蘋果釋放出水分，如同圖中所示的狀態。也可以時不時攪拌鍋內的蘋果。

3 開始出水呈現濕潤狀態時，轉大火加熱，沸騰後調整為中火，一邊使用濾網去除掉浮沫，一邊持續熬煮果醬約 5~10 分鐘。熬煮的同時，請記得使用木匙等工具不停地翻動。

4 煮至蘋果熟透、呈現透明色澤的狀態即可熄火。

為了不讓蘋果燒焦沾黏鍋底，加熱的同時請記得要一直翻動鍋內的蘋果。

冷藏保存期限約 1 個星期～ 10 天

微波蘋果果醬製作

電子レンジで作るりんごジャム

宛如甜點般地一款果醬。輕輕鬆鬆即可完成也是樂趣之一。

材料（約 300mℓ 份量）

蘋果……300g
細砂糖……120g
檸檬汁……1/2 顆份

作法

1 將蘋果洗淨削皮、切成 8 等分並去核，再切成薄片。

2 將蘋果放入大一點的耐熱調理碗內，加入細砂糖、檸檬汁攪拌，靜置約 30 分鐘。

3 蘋果開始出水分後，再次攪拌；不需覆蓋上保鮮膜，直接放入微波爐內加熱 2 分鐘。

4 取出，並用橡膠抹刀將浮沫移至碗邊，再使用勺子撈取；再次拌勻並加熱 2 分鐘，直到水分完全蒸發前，請持續重複此步驟，總計加熱約 8 分鐘。

將蘋果放入耐熱調理碗。建議使用直徑 22~25cm、容量 1.5ℓ 大小的調理碗爲佳。

請靜待蘋果釋放出水分，如同圖片所示的狀態。中途可以時不時攪拌，促進出水的速度。

沸騰時容易燙傷，取出時請務必使用隔熱手套。

冷藏保存期限約 1 個星期～ 10 天

大粒果實的蘋果派

酥脆的春捲皮包裹著大粒果實的蘋果果醬，
快速即可完成的一道蘋果派風格的甜點。

ごろごろりんごのアップルパイ

材料 (約 4 個份)

大粒果實的蘋果果醬 (參照 P.39)
……200g
春捲皮 ……4 片
無鹽奶油 ……40g
糖粉 (裝飾用) ……適量

作法

❶ 將奶油放入耐熱調理碗內，使用微波爐
　加熱 30~40 秒，使其融化。

❷ 在每片春捲皮上放入約 1/4 份量的蘋果
　果醬，由靠近自己的一側往前翻捲，再
　使用刷子將步驟①塗上薄薄一層於春捲
　皮上，兩端則如同包糖果般稍稍扭轉。

❸ 把包好的春捲置於鋪有烘焙紙的烤盤
　上，放入設定好 200 度的烤箱內，烤到
　上色約 15 分鐘。完成後，撒上糖粉裝
　飾即可。

於春捲皮下方 (靠近自己一
側)，放上蘋果果醬，由下往
上翻折春捲皮。

捲好後，利用刷子均勻地塗抹
奶油於春捲皮上。

在春捲兩端如同包糖果般，扭
轉固定。

將春捲放置於鋪好烘焙紙的烤
盤上，放置時請讓每個春捲之
間保持間隔，再烘烤。

柑橘果醬

經典人氣柑橘果醬，微微的苦味和香氣融合互補，
特別是柑橘皮的口感和新鮮的苦味是手作果醬才有的天然風味。

オレンジマーマレード

材料（約 700mℓ 份量）

柳橙……500g

細砂糖……300g

檸檬汁……1 顆份

作法

❶ 將柳橙用溫水洗淨，擦拭掉水分。剝皮並將果皮內側白色薄膜的部分用湯匙等工具去除，再切成細絲。去籽後將果肉一瓣一瓣的切成細碎。

❷ 將切成細絲的果皮放入鍋內，倒入大量的水開火加熱，沸騰後將熱水倒掉再重新倒水加熱沸騰。此一步驟請重複至少三次。

❸ 將步驟②的熱水濾除，連同鍋內的果皮、切好的果肉、細砂糖和檸檬汁加入鍋內拌勻，待其出水後即可轉大火加熱。

❹ 沸騰後調整為中火，一邊去除浮沫一邊使用木匙翻動，熬煮約 20~30 分鐘。

❺ 煮至開始呈現濃稠狀態即可熄火。

POINT

橙皮請切成細絲並放入鍋內加熱，沸騰後將熱水倒掉再次倒水加熱。重複此步驟至少三次，可以去除掉柑橘類的苦味。

整體開始出水時即可開火加熱。和其它使用果肉製作的果醬不同，橘皮不會產生大量的水分。

依照產地的不同，部分柳橙果皮會有打蠟，可用粗鹽將其去除。

ぽんかんマーマレード　　　　　　　　　ゆずマーマレード

椪柑桔醬

香氣與甜味強烈的椪柑。好剝的果皮製作起來特別方便。

材料 (約 700mℓ 份量)

椪柑……500g

細砂糖……300g

檸檬汁……1 顆份

作法

❶ 將椪柑用溫水洗淨，擦拭掉水分。剝皮並將果皮內側白色薄膜的部分用湯匙等工具去除，再切成細絲。去籽後將果肉一瓣一瓣的切成細碎狀。

❷ 將切成細絲的果皮放入鍋內，倒入大量的水開火加熱，沸騰後將熱水倒掉再重新倒水加熱沸騰。此一步驟請重複至少三次。

❸ 將步驟②的熱水濾除，連同鍋內的果皮、切好的果肉、細砂糖和檸檬汁加入鍋內拌勻，待其出水後即可轉大火加熱。

❹ 沸騰後調整為中火，一邊去除浮沫一邊使用木匙翻動，熬煮約 20~30 分鐘。

❺ 煮至開始呈現濃稠狀態即可熄火。

香橙桔醬

香橙特有的苦味，做成果醬的話，剛好形成一股恰好的溫潤口味。

材料 (約 400mℓ 份量)

香橙……300g

三溫糖 (細砂糖亦可)……180g

檸檬汁……1/2 顆份

作法

❶ 將香橙用溫水洗淨，擦拭掉水分。剝皮並將果皮內側白色的薄膜用湯匙等工具去除，再切成細絲。去籽後將果肉一瓣一瓣的切成細碎狀。

❷ 將切成細絲的果皮放入鍋內，倒入大量的水開火加熱，沸騰後將熱水倒掉再重新倒水加熱沸騰。此一步驟請重複至少三次。

❸ 將步驟②的熱水濾除，連同鍋內的果皮、切好的果肉、三溫糖和檸檬汁加入鍋內拌勻，待其出水後即可轉大火加熱。

❹ 沸騰後調整為中火，一邊去除浮沫一邊使用木匙翻動，熬煮約 20~30 分鐘。

❺ 煮至開始呈現濃稠狀態即可熄火。

みかんジャム

橘子果醬

備受大家愛戴的甜美橘子，做成果醬同樣品嚐得到柔和的風味。

材料 (約 600mℓ 份量)

橘子……500g
細砂糖……200g
檸檬汁……1/2 顆份

作法

❶ 剝掉橘子皮、去掉白色纖維，切成一口大小。如果有籽的話也請去除。

❷ 將橘子放入鍋內，加入細砂糖和檸檬汁攪拌均勻，靜置約 30 分鐘。

❸ 開始出水呈現濕潤狀態後，轉大火加熱，沸騰後調整爲中火，一邊使用濾網去除掉浮沫，一邊持續熬煮果醬約 20~30 分鐘。熬煮的同時，請記得使用木匙等工具不停翻動。

❹ 煮至開始呈現濃稠狀態即可熄火。

POINT

將橘子剝皮，去除掉白色纖維後切成一口大小。

加入細砂糖和檸檬汁攪拌，開始出水後轉大火加熱。

レモンジャム

檸檬果醬

善用檸檬的酸味，就可以吃到新鮮風味的果醬。

材料 (約 400mℓ 份量)

檸檬……500g

細砂糖……300g

作法

❶ 將檸檬用溫水洗淨，再用清水沖洗過一次。

❷ 剝皮並將果皮內側的白色薄膜用湯匙等工具去除，再切成細絲。將果肉的白色纖維和籽也去除，切成一口大小。

❸ 將切成細絲的果皮放入鍋內，倒入約可覆蓋食材 2/3 的水量，開大火加熱；沸騰後將熱水倒掉再重新倒水加熱沸騰，此一步驟請重複至少三次。加熱完成後，讓食材浸泡在冷水裡。

❹ 鍋內的水倒掉後，將步驟③、步驟②的果肉與細砂糖加入鍋內，靜置約 30 分鐘。食材開始出水後即可開大火加熱，沸騰後調整爲中火，繼續熬煮約 20~30 分鐘。請一邊濾除表面上的浮沫，一邊用木匙翻動食材。

❺ 煮至開始呈現濃稠狀態即可熄火。

減糖柑橘果醬

甘さ控えめオレンジマーマレード

使用微波爐前處理，製作過程超簡單的果醬。與手工製的果醬相同，品嚐起來帶著微微的苦味。

材料（約 250mℓ 份量）

柳橙……350g
細砂糖……100g

作法

1 請用溫水清洗柳橙，再用清水沖洗過擦乾。剝皮並將果皮內部的白色薄膜用湯匙等工具去除，再切成細絲。果肉去籽後，將果肉一瓣一瓣的切成一口大小。

2 在耐熱調理碗內放入果皮和 200mℓ 的水，使用微波爐加熱 5 分鐘。將加熱過的果皮倒至濾網上，開流水沖洗並浸泡在調理碗內。此一過程請重複兩次。

3 鍋內加入步驟②的果皮和步驟①的果肉，加入細砂糖仔細攪拌，開始出水後即可轉大火加熱。

4 沸騰後調整為中火，使用木匙一邊翻動食材，一邊使用濾網撈除浮沫，熬煮約 10~20 分鐘，煮至呈現濃稠狀態即可熄火。

---

1. 依照產地的不同，部分柳橙果皮會打蠟，可用粗鹽將其去除。
2. 冷藏保存期限約 1 個星期～ 10 天

去除掉果皮白色薄膜，切成細絲。熬煮時加入果肉，可以讓果醬更充滿水果香氣，更加濃稠。

將橘皮泡水加熱過，可以去除掉雜味。可以使用微波爐加熱，再浸泡在流水裡。

將果皮和果肉放入鍋內，加入細砂糖，仔細攪拌均勻。

飄浮至水面上的浮沫請頻繁地撈取，完成的果醬品嚐起來較不會有雜味。

減糖檸檬果醬

甘さ控えめレモンマーマレード

減糖配方的檸檬果醬，鮮美的味道中帶著水果天然的苦味。

材料 (約 250mℓ 份量)

檸檬……300g
細砂糖……120g

作法

1 將檸檬用溫水洗淨,再用清水沖洗
過,擦拭乾淨。 剝皮並將果皮內
部的白色薄膜用湯匙等工具去除,
再切成細絲。將果肉的白色纖維也
去除,並去籽,再將果肉一瓣一瓣
的切成一口大小。

2 在耐熱調理碗 (參照 P.15) 內放入果
皮和 200mℓ 的水,使用微波爐加
熱 5 分鐘;將加熱過的果皮倒至濾
網上,開流水並浸泡在調理碗裡,
再瀝乾。此一過程請重複兩次。

3 鍋內加入步驟②和步驟①的果肉,
加入細砂糖仔細攪拌,開始出水後
即可轉大火加熱。

4 沸騰後調整爲中火,使用木匙一邊
翻動食材,一邊使用濾網撈除浮
沫,熬煮約 10~20 分鐘,煮至呈
現濃稠狀態即可熄火。

冷藏保存期限約 1 個星期～ 10 天

將果皮切成細絲,果肉也切成
一口大小。

果皮泡水加熱過可去除雜味,
是美味的秘訣。

加入細砂糖後與果皮、果肉拌
勻,待食材出水後再轉爲大火
加熱。

想利用柑橘果醬製作的甜點

柑橘果醬的蛋糕捲

利用鬆餅粉來製作高人氣的蛋糕捲。
帶著可可苦味的蛋糕體和柑橘醬奶油乳酪的酸味，
苦甜相交非常搭配。

マーマレードのロールケーキ

材料 (25cm 1 條份)

柑橘醬奶油乳酪

柑橘果醬 (參照 P.52)……100g

奶油乳酪……200g

Grand Marnier 香橙干邑甜酒……1 小匙

可可蛋糕體

鬆餅粉……75g

可可粉……15g

雞蛋……3 顆

細砂糖……90g

無鹽奶油……30g

作法

❶ 將鬆餅粉和可可粉混合後一起過篩。

❷ 在另一個調理碗內加入雞蛋和細砂糖,將調理碗放入裝著熱水的容器裡隔水加熱,加熱的同時使用手持攪拌器打發。奶油則使用微波爐加熱 30~40 秒使其融化。

❸ 將步驟②打發好的蛋液加入步驟①內,以切拌的方式拌合,最後加入融化的奶油拌勻。

❹ 在烤盤鋪上烘焙紙,將拌勻的蛋糕糊平均佈滿烤盤,設定烤箱的溫度 200 度烘烤 10~12 分鐘。

❺ 將柑橘醬奶油乳酪的食材全部拌勻,使用打蛋器攪拌至滑順質感的狀態。

❻ 將烤好的步驟④取出放置於散熱架冷卻。冷卻之後取下烘焙紙,再將烘焙紙鋪在蛋糕體上。

❼ 在步驟⑥的蛋糕體上將步驟⑤平均塗抹,以拉著烘焙紙的方式往前翻捲。完成後直接放入冷箱冷藏約 30 分鐘,整體定型之後再分切。

在打發過的蛋液內加入可可風味的鬆餅粉。爲了避免出筋,以切拌的方式拌麵糊。

如同照片所示,於烤盤上鋪滿烤焙紙,讓麵糊可以平均地鋪滿整個烤盤。

取下蛋糕體下方的烘焙紙,再次將烘焙紙鋪在蛋糕體上,接著將內餡塗抹均勻。

以拉著烘焙紙的方式,像海苔捲壽司的作法往前翻捲。

捲好後,利用烘焙紙將整體包覆住,放入冰箱冷藏約 30 分鐘。

杏桃果醬

令人懷念的味道。拿來當作配料或是點心的製作皆適宜。

あんずジャム

材料 (約 400mℓ 份量)

杏桃……300g

細砂糖……180g

檸檬汁……1/2 顆份

作法

❶ 爲了去除杏桃表面的絨毛，請快速
的先用熱水燙過，再放入冷水內。

❷ 將杏桃切半去籽，放入鍋內，加入
細砂糖和檸檬汁攪拌均勻，靜置約
30 分鐘。

❸ 開始出水呈現濕潤狀態時，轉大火
加熱，沸騰後調整爲中火，一邊使
用濾網去除掉浮沫，一邊持續熬煮
果醬約 20 分鐘。熬煮的同時，請
記得使用木匙等工具不停地翻動。

❹ 煮至開始呈現濃稠狀態即可熄火。

可以將杏桃籽浸泡在燒酒中，製成杏仁風味的水果酒。

あんず＆バナナジャム　　　　あんず＆ジンジャージャム

杏桃&
香蕉果醬

甜甜的香蕉讓杏桃果醬的味道更有層次感。

材料 (約 750mℓ 份量)

杏桃……300g

香蕉……200g

細砂糖……280g

檸檬汁……1 顆份

作法

❶ 爲了去除杏桃表面的絨毛,請快速的先用熱水燙過,再放入冷水內。香蕉剝皮,切成厚度 1cm 的圓片。

❷ 將杏桃切半去籽,連同香蕉放入鍋內,加入細砂糖和檸檬汁攪拌均勻,靜置約 30 分鐘。

❸ 開始出水呈現濕潤狀態時,轉大火加熱,沸騰後調整爲中火,一邊使用濾網去除掉浮沫,一邊持續熬煮果醬約 20 分鐘。熬煮的同時,請記得使用木匙等工具不停地翻動。

❹ 煮至開始呈現濃稠狀態即可熄火。

杏桃&
生薑果醬

生薑獨有的微辣感讓人吃了就上癮。

材料 (約 400mℓ 份量)

杏桃……300g

生薑……5g

細砂糖……180g

檸檬汁……1/2 顆份

作法

❶ 爲了去除杏桃表面的絨毛,請快速的先用熱水燙過,再放入冷水內。生薑削皮後,切成細末。

❷ 將杏桃切半去籽,連同生薑放入鍋內,加入細砂糖和檸檬汁攪拌均勻,靜置約 30 分鐘。

❸ 開始出水呈現濕潤狀態時,轉大火加熱,沸騰後調整爲中火,一邊使用濾網去掉浮沫,一邊持續熬煮果醬約 20 分鐘。熬煮的同時,請記得使用木匙等工具不停地翻動。

❹ 煮至開始呈現濃稠狀態即可熄火。

覆盆子果醬

日文稱爲樹莓的覆盆子，法文則叫做 Framboisier。
特徵爲其酸味和鮮紅色的外觀，最適合用來製作果醬的水果之一。
雖然產季在夏天，但是一年四季皆有進口的覆盆子可供挑選。

ラズベリージャム

材料 (約 250㎖ 份量)

覆盆子 (冷凍食材亦可)……250g

細砂糖……130g

檸檬汁……1/2 顆份

作法

❶ 清洗的時候，請小心不要碰傷果
實。清洗過後請擦乾水分。

❷ 將覆盆子放入鍋內，加入細砂糖和
檸檬汁攪拌均勻，靜置約 30 分鐘。

❸ 開始出水呈現濕潤狀態後，轉大火
加熱，沸騰後調整爲中火，一邊使
用濾網去除掉浮沫，一邊持續熬煮
果醬約 15 分鐘。熬煮的同時，請
記得使用木匙等工具不停地翻動。

❹ 煮至開始呈現濃稠狀態即可熄火。

POINT

放入細砂糖和檸檬汁均勻地
攪拌，覆盆子會漸漸釋放出
水分。

熬煮時請小心不要碰傷果
實，享用果醬時亦可品嚐到
一顆顆果實的口感。

ラズベリー＆カシスジャム　　　　　　カシスジャム

覆盆子&黑醋栗果醬

清爽口感的黑醋栗與覆盆子果醬。

材料 (約 250mℓ 份量)

覆盆子 (冷凍食材亦可)……200g

黑醋栗 (冷凍食材亦可)……100g

細砂糖……180g

檸檬汁……1/2 顆份

作法

❶ 將覆盆子和黑醋栗清洗過後,放入鍋內,加入細砂糖和檸檬汁攪拌均勻,靜置約 30 分鐘。

❷ 開始出水呈現濕潤狀態後,轉大火加熱,沸騰後調整爲中火,一邊使用濾網去除掉浮沫,一邊持續熬煮果醬約 15 分鐘。熬煮的同時,請記得使用木匙等工具不停地翻動。

❸ 煮至開始呈現濃稠狀態卽可熄火。

黑醋栗果醬

醋栗科的水果。深色偏濃的色澤、充滿野性的酸氣和香味讓人印象深刻。

材料 (約 250mℓ 份量)

黑醋栗 (冷凍食材亦可)……250g

細砂糖……130g

檸檬汁……1/2 顆份

作法

❶ 將黑醋栗清洗過後放入鍋內,加入細砂糖和檸檬汁攪拌均勻,靜置約 30 分鐘。

❷ 開始出水呈現濕潤狀態後,轉大火加熱,沸騰後調整爲中火,一邊使用濾網去除掉浮沫,一邊持續熬煮果醬約 15 分鐘。熬煮的同時,請記得使用木匙等工具不停地翻動。

❸ 煮至開始呈現濃稠狀態卽可熄火。

ブルーベリー＆
アーモンドスライスジャム

ブルーベリー＆
いちごジャム

藍莓&杏仁切片果醬

添加杏仁切片讓果醬多了一份不同韻味，吃完了還會想念的味道。

材料 (約 450mℓ 份量)

藍莓 (冷凍食材亦可)……300g

細砂糖……180g

檸檬汁……1/2 顆份

杏仁切片……10g

作法

❶ 將藍莓清洗過後放入鍋內，加入細砂糖和檸檬汁攪拌均勻，靜置約30 分鐘。

❷ 將杏仁切片放入平底鍋乾煎，或放入烤箱調整為 180 度烘烤 5 分鐘。

❸ 打開大火將步驟①加熱，沸騰後調整為中火，一邊使用濾網去除掉浮沫，一邊攪拌並持續熬煮果醬約15 分鐘。

❹ 煮至開始呈現濃稠狀態後加入步驟②，一旦沸騰後請馬上熄火。

藍莓&草莓果醬

草莓與藍莓恰到好處的美味，令人感覺奢侈的甘甜滋味。

材料 (約 700mℓ 份量)

藍莓 (冷凍食材亦可)……200g

草莓……300g

細砂糖……280g

檸檬汁……1 顆份

使用冷凍水果時，不需清洗即可直接使用。

作法

❶ 清洗藍莓、草莓。草莓請切蒂，較大的果實對半切。

❷ 將所有水果放入鍋內，加入細砂糖和檸檬汁攪拌均勻，靜置約 30 分鐘直到開始出水。

❸ 打開大火煮滾，沸騰後調整為中火，一邊使用濾網去除掉浮沫，一邊以木匙攪拌並持續熬煮果醬約 10 分鐘。

❹ 煮至呈現濃稠狀態後請馬上熄火。

ブルーベリージャム

藍莓果醬

長時間熬煮容易過度濃稠，特別是冷卻後質感變硬的可能性也會大大提升，請多加留意。

材料 (約 450㎖ 份量)

藍莓 (冷凍食材亦可)……300g

細砂糖……180g

檸檬汁……1/2 顆份

作法

❶ 將藍莓清洗後放入鍋內，加入細砂糖和檸檬汁攪拌均勻，靜置約 30 分鐘。

❷ 開始出水呈現濕潤狀態後，轉大火加熱，沸騰後調整爲中火，一邊使用濾網去除掉浮沫，一邊持續熬煮果醬約 10 分鐘。熬煮的同時，請記得使用木匙等工具不停地翻動。

❸ 煮至開始呈現濃稠狀態後請馬上熄火。

POINT

加入細砂糖和檸檬汁，和藍莓攪拌均勻，暫時靜置就會自然地釋放出水分。

加熱中稍稍感到濃稠感時，即可迅速熄火。

1. 使用冷凍水果時，不需清洗卽可直接使用。

2. 熬得過久的藍莓在冷卻後果肉容易變硬，製作時請多加留意。

減糖藍莓果醬
甘さ控えめブルーベリージャム

運用藍莓獨特的酸甜風味製作，砂糖含量較少，成品的質感不會過度濃稠。

材料 (約 250mℓ 份量)

藍莓 (冷凍食材亦可)……250g
細砂糖……75g
檸檬汁……1/2 顆份

大約使用這個份量的藍莓，即
可讓果醬呈現濃稠的狀態。

作法

1 將藍莓清洗過後放入鍋內，加入細
砂糖和檸檬汁攪拌均勻，靜置約
30 分鐘。

2 開始出水呈現濕潤狀態，砂糖溶解
後，轉大火加熱，沸騰後調整爲中
火，一邊使用濾網去除掉浮沫，一
邊持續熬煮果醬約 5~10 分鐘。熬
煮的同時，請記得使用木匙等工具
不停地翻動。

在藍莓充分出水的狀態下，開
火加熱，熬煮時請持續使用木
匙等工具不間斷地攪拌。

3 煮至開始呈現濃稠狀態後請馬上熄
火。

爲了不讓藍莓久煮導致變硬，
請一邊觀察藍莓的狀態一邊加
熱。

1. 冷藏保存期限約 1 個星期～ 10 天
2. 使用冷凍水果時，不需清洗卽可直接使用。
3. 熬得過久的藍莓，冷卻後果肉容易變硬，製作時請多加留意。

微波藍莓果醬製作

電子レンジで作るブルーベリージャム

善用冷凍水果與微波爐，就可以簡單完成的方便食譜。

材料 (約 250mℓ 份量)

藍莓 (冷凍食材亦可)……250g
細砂糖……100g
檸檬汁……1/2 顆份

作法

1 將藍莓放入稍大的耐熱調理碗內
(參照 P.15)，加入細砂糖和檸檬汁
攪拌均勻，靜置約 30 分鐘。

2 開始出水、細砂糖溶解後，不需覆
蓋上保鮮膜直接使用微波爐加熱 7
分鐘。取出，撈除表面上的浮沫，
攪拌均勻後再度使用微波爐加熱約
2 分鐘，一邊觀察加熱的狀態。撈
取浮沫時，可以使用橡膠抹刀將浮
沫移至碗邊，再使用勺子比較容易
撈取。

冷藏保存期限約 1 個星期～ 10 天

藍莓加熱容易過度濃稠的特
性，因此，使用的細砂糖分量
約爲藍莓重量的 40% 即可。

將冷凍藍莓放入耐熱調理碗
內，加入細砂糖和檸檬汁拌
勻。

加熱沸騰時，請小心不要燙
傷，並將表面上的浮泡撈除。

加熱過的藍莓在冷卻後容易變
硬，請注意不要過度加熱。

藍莓冷凍優格

混合優格與藍莓果醬的一道甜點，
吃起來宛如冰棒般的口感，好吃！

フローズンブルーベリーヨーグルト

材料 (製冰盒約 3 個份)

原味優格…… 450g

藍莓果醬 (參照 P.77)……120g

作法

---

❶ 將優格與藍莓果醬攪拌均勻成滑順的狀
　態，再放入製冰容器內。

❷ 放入冰箱冷凍庫 1 個小時以上，完全變
　硬後再取出盛盤。

將優格攪拌至滑順的狀態，接
著加入果醬再持續拌勻。

使用矽膠製的製冰容器，冷凍
優格比較容易取出。

放入冷凍庫後約過 30 分鐘，
稍稍變硬時暫時取出，插上冰
棒棍後再度放回冷凍庫，確實
使其凝固。插上冰棒棍會更像
是吃冰棒般的方便食用。

PART 2

創意口味
果醬

使用當季水果手作的果醬，品嚐只有在那個季節才有的獨特風味；當然，自己動手做的過程更是珍貴的歡樂時光。請不要錯過接下來要介紹的果醬、糖煮水果或是糖漿等食譜，一起享受手作的樂趣。

ピンクの桃ジャム

粉紅水蜜桃果醬

選用帶有顯目紅色外皮的水蜜桃，完成時會是帶有美麗粉紅色的新鮮果醬。

材料 (約 500mℓ 份量)

水蜜桃……400g
細砂糖……180g
檸檬汁……1/2 顆份

作法

① 在容器內加入大量的水，輕柔地清洗水蜜桃並擦乾。

② 拿起水蜜桃使其底部朝向自己，將水果刀切入並側轉一下即可切半。剝皮後去籽，切成一口大小。果皮則放入茶包袋內。

③ 將步驟②放入鍋內，加入細砂糖、檸檬汁攪拌均勻，靜置約 30 分鐘。

④ 開始出水呈現濕潤狀態後，轉大火加熱，沸騰後調整爲中火，熬煮時持續使用濾網去除掉浮沫。煮至稍稍開始出現濃稠狀後，將裝入茶包袋的果皮取出，繼續煮至適度的濃稠狀態即可熄火。

POINT

將水蜜桃連皮整顆一起清洗，切半後削皮。

果皮不要丟棄，放入茶包袋內。藉由果皮的顏色讓果醬上色。

在鍋內加入茶包袋，靜待水果釋放水份。

請選用外皮鮮豔紅色的水蜜桃爲佳。

白桃ジャム

白桃果醬

水蜜桃可分爲白果肉和黃果肉，各種不同的品種，
基本上使用任一品種皆可，但請務必使用熟成的水蜜桃爲佳。

材料 (約 400mℓ 份量)

白桃……300g

細砂糖……150g

檸檬汁……1 顆份

作法

1. 將白桃放入滾水內稍稍燙過，再立即放入冰水內剝皮，去籽後切成 2cm 大小的塊狀。

2. 將白桃放入鍋內，加入細砂糖、檸檬汁攪拌均勻，靜置約 30 分鐘。

3. 開始出水呈現濕潤狀態後，轉大火加熱。

4. 沸騰後調整爲中火，一邊使用濾網去除掉浮沫，一邊持續熬煮果醬約 20 分鐘。熬煮的同時，請記得使用木匙等工具不停地翻動。

5. 煮至開始呈現濃稠狀態即可熄火。

關於白桃

水蜜桃分爲兩種主要的類別：1 經常直接生食的白肉桃 (白桃)，可以在超市或是水果店入手。2 黃色果肉的黃肉桃 (黃桃)，則常被使用於水果罐頭、果醬或是蛋糕裝飾等用途。在這篇所介紹的白桃果醬爲果肉本身的顏色，而前篇 (P.87) 粉紅水蜜桃果醬則是藉由果皮上色而形成的色澤。

メロンジャム

香瓜果醬

奢侈的滋味呈現與生食完全不同的味道。香瓜本身的香氣和口感，直接吃就很美味。這款果醬適合搭配豬肉料理，例如可以與生火腿一同搭配享用。

材料 (約 400mℓ 份量)

香瓜⋯⋯350g

細砂糖⋯⋯100g

檸檬汁⋯⋯1/2 顆份

作法

❶ 將香瓜去皮去籽，切成一口大小。

❷ 放入鍋內，加入細砂糖和檸檬汁拌勻，靜置約 30 分鐘。

❸ 開始出水呈現濕潤狀態後，轉大火加熱，沸騰後調整爲中火，一邊使用濾網去除掉浮沫，一邊持續熬煮果醬約 20~30 分鐘。熬煮的同時，請記得使用木匙等工具不停地翻動。

❹ 果肉熬煮到呈現通透狀後即可熄火。

 POINT

將香瓜切成一口大小放入鍋內，加入細砂糖和檸檬汁拌勻。

香瓜比較難煮成濃稠狀，整體呈現通透的狀態時即可熄火。

1. 與其它的水果相較之下，香瓜的果膠成分較少，吃起來的口感不會那麼濃稠。

2. 可以挑選自己喜歡的香瓜種類製作。日本產的網紋哈密瓜：マスクメロン (Musk Melon)、アンデスメロン (Andes Melon)、プリンスメロン (Prince Melon) 亦相當適合。

マンゴージャム

芒果果醬

濃厚的甘甜與滿載著異國風味的熱帶香氣。果醬整體呈現馥郁又濃稠的質地。

材料 (約 400mℓ 份量)

芒果……300g

細砂糖……150g

檸檬汁……1/2 顆份

作法

❶ 順著籽切下芒果果肉，剝皮後切成 1~2cm 的塊狀。

❷ 將芒果放入鍋內，加入細砂糖和檸檬汁拌勻，靜置約 30 分鐘。

❸ 開始出水呈現濕潤狀態後，轉大火加熱，沸騰後調整為中火，一邊使用濾網去除掉浮沫，一邊持續熬煮果醬約 15 分鐘。熬煮的同時，請記得使用木匙等工具不停地翻動。

❹ 煮至開始呈現濃稠狀態即可熄火。

＼‖ POINT ‖／

將芒果切成 1~2cm 的塊狀，加入細砂糖和檸檬汁拌勻。

芒果果肉軟嫩，熬煮後很快就會變成濃稠的膏狀。

マンゴー＆
パッションジャム

マンゴー＆パパイアジャム

芒果&
百香果果醬

一顆顆的百香果籽和其獨特的酸味搭配芒果，洋溢著一股繽紛的熱帶氣息。

材料 (約 600mℓ 份量)

芒果……300g

百香果……30~50g

細砂糖……280g

檸檬汁……1/2 顆份

作法

❶ 將芒果順著籽切下果肉，剝皮後切成 2cm 的塊狀。百香果則對半切，取出百香果籽。

❷ 將芒果放入鍋內，加入細砂糖和檸檬汁拌勻，靜置約 30 分鐘。

❸ 開始出水呈現濕潤狀態後，轉大火加熱，沸騰後調整為中火，一邊使用濾網去除掉浮沫，一邊持續熬煮果醬約 15 分鐘。熬煮的同時，請記得使用木匙等工具不停地翻動。

❹ 煮至開始呈現濃稠狀態後加入百香果，再次使其沸騰，沸騰後即可熄火。

芒果&
木瓜果醬

散發著一股會讓人上癮香氣的木瓜所製成的果醬，也很適合拿來搭配料理使用。

材料 (約 700mℓ 份量)

芒果……300g

木瓜……200g

細砂糖……280g

檸檬汁……1/2 顆份

作法

❶ 將芒果順著籽切下果肉，剝皮後切成 2cm 的塊狀。

❷ 將木瓜切半，去籽削皮，再切成 2cm 的塊狀。

❸ 將步驟①和步驟②放入鍋內，加入細砂糖和檸檬汁拌勻，靜置約 30 分鐘。

❹ 開始出水呈現濕潤狀態後，轉大火加熱，沸騰後調整為中火，一邊使用濾網去除掉浮沫，一邊持續熬煮果醬約 15 分鐘。熬煮的同時，請記得使用木匙等工具不停地翻動。

❺ 煮至開始呈現濃稠狀態即可熄火。

パイナップルジャム

鳳梨果醬

鳳梨所含有的酵素可以軟化肉質，除了果醬的用途，
拿來製作嫩煎豬排（ポークソティー）（譯註）等肉類料理皆適合。

材料（約 600ml 份量）

鳳梨……400g

細砂糖……220g

檸檬汁……1/2 顆份

作法

① 將鳳梨洗淨後切半，去芯削皮，切
   成略小於一口尺寸的塊狀。

② 將鳳梨放入鍋內，加入細砂糖和檸
   檬汁拌勻，靜置約 30 分鐘。

③ 開始出水呈現濕潤狀態後，轉大火
   加熱，沸騰後調整為中火，一邊使
   用濾網去除掉浮沫，一邊持續熬煮
   果醬約 20 分鐘。熬煮的同時，請
   記得使用木匙等工具不停地翻動。

④ 煮至開始呈現濃稠狀態即可熄火。

POINT

將鳳梨切成比一口大小再稍
小的塊狀，做成果醬吃起來
的口感較佳。

待鳳梨出水所需時間較長，
務必等出水後再開始加熱。

譯註：嫩煎豬排為日本特有的一種洋風料理。

パイナップル＆
ピンクペッパージャム

パイナップル＆ミントジャム

鳳梨&
粉紅胡椒果醬

鳳梨酵素可使肉類吃起來更軟嫩，
拿來製作火腿排（ハムステーキ）
（譯註）等肉類料理皆適宜。

材料 (約 600ml 份量)

鳳梨……400g

細砂糖……220g

檸檬汁……1/2 顆份

粉紅胡椒……15 粒

作法

❶ 將鳳梨洗淨切半，去芯削皮，切成略小於一口尺寸的塊狀。

❷ 將鳳梨放入鍋內，加入細砂糖和檸檬汁拌勻，靜置約 30 分鐘。

❸ 開始出水呈現濕潤狀態後，轉大火加熱，沸騰後調整為中火，一邊使用濾網去除掉浮沫，一邊持續熬煮果醬約 20 分鐘。熬煮的同時，請記得使用木匙等工具不停地翻動。

❹ 煮至開始呈現濃稠狀態後加入粉紅胡椒，再次使其沸騰，沸騰後即可熄火。

譯註：火腿排為日本特有的一種洋風料理。

鳳梨&
薄荷果醬

清爽的薄荷搭配鳳梨製作果醬，兩者創造出一種不同於一般鳳梨果醬的滋味。

材料 (約 600ml 份量)

鳳梨……400g

細砂糖……220g

檸檬汁……1/2 顆份

新鮮薄荷……5~6 片

作法

❶ 將鳳梨洗淨切半，去芯削皮，切成略小於一口尺寸的塊狀。

❷ 將鳳梨放入鍋內，加入細砂糖和檸檬汁拌勻，靜置約 30 分鐘。

❸ 開始出水呈現濕潤狀態後，轉大火加熱，沸騰後調整為中火，一邊使用濾網去除掉浮沫，一邊持續熬煮果醬約 20 分鐘。熬煮的同時，請記得使用木匙等工具不停地翻動。

❹ 煮至開始呈現濃稠狀態要熄火之前，加入薄荷葉即可。

キウイフルーツジャム

奇異果果醬

被做成果醬的奇異果吃起來是完全不同的美味。
一顆一顆的奇異果籽的口感與美麗的綠色讓人想一探究竟。

材料 (約 400mℓ 份量)

奇異果……300g
細砂糖……150g
檸檬汁……1/2 顆份

作法

1 將奇異果清洗後削皮，再切成 1cm 的塊狀。

2 將奇異果放入鍋內，加入細砂糖和檸檬汁拌勻，靜置約 30 分鐘。

3 開始出水呈現濕潤狀態後，轉大火加熱，沸騰後調整為中火，一邊使用濾網去除掉浮沫，一邊持續熬煮果醬約 15 分鐘。熬煮的同時，請記得使用木匙等工具不停地翻動。

4 煮至開始呈現濃稠狀態即可熄火。

POINT

將奇異果切成小塊狀，比較容易早一點出水。

奇異果煮得過久顏色會較不鮮豔，熬煮時請多加留意。

洋なし＆バニラジャム

西洋梨&香草果醬

洋溢著優雅香氣的西洋梨與香草籽創造出芳醇的香氣。
請盡情享用這款甜美的果醬。

材料 (約 400mℓ 份量)

西洋梨……300g

細砂糖……150g

檸檬汁……1/2 顆份

香草莢……1/2 條

作法

① 將西洋梨削皮去籽,再切成 1cm 的塊狀。將香草莢切半後取出籽。

② 將西洋梨放入鍋內,加入細砂糖和檸檬汁拌勻,靜置約 30 分鐘。

③ 開始出水呈現濕潤狀態後,轉大火加熱,沸騰後調整為中火。

④ 撈取浮沫,加入香草籽和豆莢,一邊使用木匙等工具攪拌一邊加熱約 20 分鐘。

⑤ 煮至開始呈現濃稠狀態即可熄火。

POINT

利用刀背將香草籽刮出,將香草籽和豆莢都加入鍋內一起熬煮。

關於西洋梨

西洋梨的果肉吃起來十分的綿密,天然的香氣散發出一股優雅的氣息。

沒有香草莢的話,亦可使用 3 滴香草精代替。

グレープフルーツ＆
カルダモンジャム

オレンジ＆シナモンジャム

葡萄柚&
小荳蔻果醬

葡萄柚與香料交織出令人驚喜的新口味。

材料（約 400mℓ 份量）

葡萄柚……300g

細砂糖……180g

檸檬汁……1/2 顆份

小荳蔻……5 顆

作法

① 將葡萄柚洗淨，剝皮時內側白色的部分也請確實去除。去籽後將果肉一瓣一瓣的切塊。

② 將葡萄柚放入鍋內，加入細砂糖和檸檬汁仔細攪拌，靜待約 30 分鐘。

③ 開始出水呈現濕潤狀態後，轉大火加熱，沸騰後調整爲中火，一邊使用濾網去除掉浮沫，一邊持續熬煮果醬約 20~30 分鐘。熬煮的同時，請記得使用木匙等工具不停地翻動。

④ 煮至開始呈現濃稠狀態後，加入小荳蔻並再次加熱，沸騰後即可熄火。

柳橙&
肉桂果醬

肉桂的異國風味搭配著柳橙的香氣，讓這款果醬的層次更添韻味。

材料（約 400mℓ 份量）

柳橙……300g

細砂糖……180g

檸檬汁……1/2 顆份

肉桂粉……1 小匙

作法

① 將柳橙洗淨，剝皮時內側白色的部分也請確實去除。去籽後將果肉一瓣一瓣的切塊。

② 將柳橙放入鍋內，加入細砂糖和檸檬汁拌勻，靜置約 30 分鐘。

③ 開始出水呈現濕潤狀態後，轉大火加熱，沸騰後調整爲中火，一邊使用濾網去除掉浮沫，一邊持續熬煮果醬約 20~30 分鐘。熬煮的同時，請記得使用木匙等工具不停地翻動。

④ 煮至開始呈現濃稠狀態後，加入肉桂粉並再次加熱，沸騰後即可熄火。

ぶどうジャム

葡萄果醬

滑順的口感，吃起來不會太甜，美麗的色澤都是這款果醬的魅力。
任何一種葡萄皆可製作成果醬。

材料 (約 300mℓ 份量)

葡萄……300g
細砂糖……60g
檸檬汁……1/2 顆份

作法

1. 將葡萄一顆一顆取下後清洗，大顆的果實請切半，小顆的整顆使用。籽會釋放出澀味，需事先去除掉。

2. 將葡萄放入鍋內，加入細砂糖和檸檬汁拌勻，靜置約 30 分鐘。

3. 開始出水呈現濕潤狀態後，轉大火加熱，沸騰後調整為中火。

4. 一邊使用濾網去除掉浮沫，一邊持續熬煮果醬約 20 分鐘。熬煮的同時，請記得使用木匙等工具不停地翻動。

5. 煮至開始呈現濃稠狀態即可熄火。

POINT

有籽的葡萄可切半再取出籽即可。

加熱過後從果皮開始釋放出色素，果醬整體呈現出美麗的色澤。

葡萄的果膠成份與其它水果相較之下比較少，做成的果醬質地會沒有那麼濃稠。巨峰葡萄、珍珠葡萄 (Delaware)、貓眼葡萄 (Pione)、司特本葡萄 (Steuben)，或是白葡萄皆可用來製作果醬。

いちじくジャム

無花果果醬

一顆顆果籽增添口感的無花果，加熱後會帶引出更有層次的甜味，
特別適合搭配起士或肉類料理。

材料 (約 400mℓ 份量)

無花果……300g
細砂糖……150g
檸檬汁……1 顆份

關於無花果

可以直接食用，亦可製作果醬、糖
煮水果、燉紅酒等許多需經過熬煮
的人氣食譜；世界各地也常見利用
無花果製作的水果乾。口味上適合
搭配紅酒，或是其它小點：起士、
生火腿等組合也廣受歡迎。果醬可
以搭配麵包或是作成點心，加入無
花果醬的肉類、卡納沛 (canapé) 等
料理則可以創造出新風味。

作法

① 無花果清洗後，連皮切成 4 等分。

② 將無花果放入鍋內，加入細砂糖、
檸檬汁拌勻，靜置約 30 分鐘。

③ 開始出水呈現濕潤狀態後，轉大火
加熱，沸騰後調整為中火。一邊使
用濾網去除掉浮沫，一邊持續熬煮
果醬約 15 分鐘。熬煮的同時，請
記得使用木匙等工具不停地翻動。

④ 煮至開始呈現濃稠狀態即可熄火。

ローズジャム

玫瑰果醬

飄散著淡淡的玫瑰香氣，充滿魅力的一款果醬。
洋溢著浪漫優雅的味道，非常適合加入紅茶、或是沖熱水飲用。

材料 (約 350mℓ 份量)

玫瑰花瓣 (無農藥、食用品種)
……50g (10~12 朵份量)
細砂糖……130g
水……250mℓ
檸檬汁……1/2 顆份
果膠粉 (請參照 P.123 的 Point)
……12g (2 大匙)

選用早晨摘取尚未完全開花的玫瑰製作，
這種類型的玫瑰香味為佳。使用庭院種
植的玫瑰時，務必確認是否為可食用的
品種。

作法

❶ 取下玫瑰花的花萼，再將花瓣一瓣
一瓣取下清洗。

❷ 將果膠粉與 50g 的細砂糖拌勻。

❸ 將步驟①與剩下的細砂糖放入鍋
內，倒水進鍋並開火加熱，一邊熬
煮一邊撈取浮沫，開小火熬煮約
30 分鐘，直到水量降至原本水量
的一半。

❹ 加入檸檬汁、步驟②攪拌均勻，調
整為中火繼續熬煮約 15~20 分鐘。

❺ 煮至開始呈現濃稠狀態即可熄火。

チェリー＆赤ワインジャム

櫻桃 & 紅酒果醬

這篇要介紹的是在歐美十分常見的櫻桃果醬。這款果醬會利用美國甜櫻桃鮮豔的紅色上色，水果本身的酸味與香氣都讓人期待。

材料 (約 450mℓ 份量)

美國甜櫻桃 (其它品種亦可)
……300g
細砂糖……180g
檸檬汁……1/2 顆份
紅酒……30mℓ

作法

1. 將櫻桃清洗乾淨，取下櫻桃梗，再切出切口取下櫻桃籽。

2. 將櫻桃放入鍋內，加入細砂糖和檸檬汁拌勻，靜置約 30 分鐘。

3. 開始出水呈現濕潤狀態後，轉大火加熱，沸騰後調整為中火。

4. 一邊使用濾網去除掉浮沫，一邊持續熬煮果醬約 20 分鐘。熬煮的同時，請記得使用木匙等工具不停地翻動。

5. 煮至開始呈現濃稠狀態後加入紅酒，再次加熱，沸騰後即可熄火。

POINT

加入紅酒後，一旦沸騰酒精揮發掉即可立即熄火，才能保留住紅酒的香氣。

---

1. 紅酒建議選用水果風味濃厚的皮諾黑為佳。
2. 加入紅酒一旦沸騰酒精揮發掉即立即熄火，才能保留住紅酒的香氣。

バナナ＆黒糖ラムジャム

香蕉&黑糖蘭姆果醬

黑糖的甜夾帶著香蕉黏稠的口感，再注入萊姆酒的甘甜香氣，
一款甜美又帶點熱帶風情的美味三重奏。

材料 (約 300mℓ 份量)

香蕉……270g

黑糖粉……70g

蘭姆酒……1 大匙

作法

① 將香蕉剝皮，垂直對半切，再切成 5mm 厚度的塊狀，放入鍋內，加入黑糖後拌勻。

② 靜置約 30 分鐘開始呈現濕潤狀態後，轉大火加熱，沸騰後調整為小火。加熱的期間請持續攪拌。

③ 煮至開始呈現滑順濃稠的狀態時，加入蘭姆酒後即可熄火。

POINT

將切好的香蕉與黑糖加入鍋內，確實地將整體攪拌均勻。

水份過少的話容易燒焦。開始呈現滑順的狀態後，即可加入蘭姆酒。

水果醬汁

不像果醬吃起來那麼濃稠，適合搭配優格或是冰淇淋一起食用的水果醬汁。

マンゴーソース　　　　　　　　　ブルーベリーソース

芒果醬汁

材料 (約 420mℓ 份量)

芒果……300g

細砂糖……150g

檸檬汁……1/2 顆份

作法

❶ 沿著芒果籽切下果肉,剝皮後再切成 1cm 的塊狀。

❷ 將芒果放入鍋內,加入細砂糖、檸檬汁拌勻,靜置約 20~30 分鐘。

❸ 開始出水呈現濕潤狀態後,轉大火加熱,沸騰後調整爲小火。一邊使用濾網去除掉浮沫,一邊持續熬煮約 5~6 分鐘。

藍莓醬汁

材料 (約 420mℓ 份量)

藍莓……300g

細砂糖……150g

檸檬汁……1/2 顆份

作法

❶ 將藍莓清洗後,放到濾網上瀝乾。

❷ 將藍莓放入鍋內,加入細砂糖、檸檬汁拌勻,靜置約 20~30 分鐘。

❸ 開始出水呈現濕潤狀態後,轉大火加熱,沸騰後調整爲小火。一邊使用濾網去除掉浮沫,一邊持續熬煮約 5~6 分鐘。

【藍莓醬汁】

與製作果醬相同,加入細砂糖和檸檬汁拌勻,等待水果出水。

大約出水如圖示的程度,卽可開大火加熱。

一邊撈取浮沫一邊熬煮。沒有煮至濃稠狀態也沒有關係,待醬汁冷卻後卽會呈現稍微稀一點的濃稠狀。

フルーツコンポート

糖煮水果

以水果、砂糖和紅酒一起熬製而成的糖煮水果，待冷卻後再享用，
即爲一道吃得到完整水果口感的奢侈甜點。

洋なしのコンポート　　　　　　　　いちじくのコンポート

糖煮西洋梨

材料 (4 人份)

西洋梨……2 顆
白酒……200mℓ
水……500mℓ
細砂糖……150g
檸檬汁……1/2 顆份
香草莢……1/2 條(或 3 滴香草精)

作法

① 將西洋梨清洗乾淨後,直向切成 4 等分並去籽。

② 在鍋內加入白酒、水、細砂糖、檸檬汁和香草莢,開大火加熱。沸騰後調整爲小火,加入步驟① 熬煮約 20 分鐘。

③ 熄火後放涼,再將香草莢取出。

將熬製好的糖煮水果放入清潔的保存容器內,冷藏約可保存 1 個星期。

糖煮無花果

材料 (6 人份)

無花果……6 顆
白酒……200mℓ
水……500mℓ
細砂糖……150g
檸檬汁……1/2 顆份

作法

① 將無花果清洗過後擦乾水分。不需削皮。

② 在鍋內加入白酒、水、細砂糖、檸檬汁,開大火加熱。沸騰後調整爲小火,加入步驟①熬煮約 20 分鐘。

③ 熄火後放涼卽可。

將熬製好的糖煮水果放入清潔的保存容器內,冷藏約可保存 1 個星期。

【糖煮西洋梨】　**【糖煮無花果】**

將西洋梨分切成 4 等份。切成大塊狀更可以品嚐到糖煮水果的美味。

無花果清洗後放入鍋內,不需削皮卽可直接熬煮。

無花果皮隨著一邊加熱一邊釋放出色素,讓糖漿染上一層美麗的顏色。

連同熬煮的糖漿一同保存於附蓋的容器內,放入冰箱冷藏保存。

水果糖漿

經過加熱過後的水果，甜度會大幅高升。利用此糖漿兌水或氣泡水飲用，
亦可搭配燒酒或是伏特加調配成雞尾酒都很不錯。

レモンシロップ　　　　　　　　　　　　　　　　　　　　いちごシロップ

檸檬糖漿

材料 (約 400ml 份量)

檸檬……300g

細砂糖……200g

水……100ml

作法

1. 將檸檬充分洗淨，剝皮時內側白色的部分也請確實去除，再切成薄薄的圓片狀。

2. 在鍋內放入檸檬、細砂糖和水，開大火加熱。沸騰後調整爲小火熬煮約 5 分鐘。熬煮的同時請持續撈取表面的浮沫。

3. 取一清潔的濾網並鋪上廚房紙巾，倒入步驟②過濾。

倒入清潔過的瓶子內保存，待冷卻後即可放入冰箱冷藏。約可保存 1 個月。

草莓糖漿

材料 (約 300ml 份量)

草莓……300g

檸檬……1/2 顆

細砂糖……150g

水……100ml

作法

1. 將草莓充份洗淨，去除掉蒂頭後擦拭水分，對半切。檸檬削皮後切成圓片狀。

2. 在鍋內放入步驟①、細砂糖和水，開大火加熱。沸騰後調整爲小火熬煮約 5 分鐘。熬煮的同時請持續撈取表面的浮沫。

3. 取一清潔過的濾網並鋪上廚房紙巾，倒入步驟②過濾。

倒入清潔過的瓶子內保存，待冷卻後即可放入冰箱冷藏。約可保存 1 個月。

フルーツシロップ

水 果 糖 漿

ぶどうシロップ　　　　　　　　　　ざくろシロップ

葡萄糖漿

材料（方便製作的份量）

葡萄……450g
檸檬……1/2 顆
細砂糖……140g
水……100mℓ

作法

1. 將葡萄一顆顆取下清洗後，擦拭水分。由於葡萄籽會釋出澀味，帶籽葡萄請事先去籽。檸檬則削皮後切成圓片狀。

2. 在鍋內放入全部食材，開大火。沸騰後調整爲小火熬煮約 5 分鐘。熬煮的同時請持續撈取表面的浮沫。

3. 取一清潔過的濾網，將步驟②倒入濾網並用橡膠刮刀等工具用力擠壓，濾出果汁。最後再鋪上廚房紙巾將糖漿過濾卽可。

倒入清潔過的瓶子內保存，待冷卻後卽可放入冰箱冷藏。約可保存 1 個月。

石榴糖漿

材料（方便製作的份量）

石榴……250g
檸檬……1/2 顆
細砂糖……150g
水……200mℓ

作法

1. 在石榴表面下刀劃出切痕，以方便撥開，撥開後分成一瓣一瓣取出果實。檸檬削皮後切成圓片狀。

2. 在鍋內放入全部食材，開大火。沸騰後調整爲小火熬煮約 5 分鐘。熬煮的同時請持續撈取表面的浮沫。

3. 取一清潔過的濾網，倒入步驟②擠壓出果汁。最後再鋪上廚房紙巾將糖漿過濾卽可。

倒入清潔過的瓶子內保存，待冷卻後卽可放入冰箱冷藏。約可保存 1 個月。

【葡萄糖漿】

沸騰後請一邊攪拌，一邊撈取表面的浮沫。

將鍋內的水果放到濾網上，用橡膠刮刀等工具將果汁壓擠出來。

紅茶のジュレ

紅茶茶凍

使用帶有濃厚香氣的紅茶所製作，琥珀色的外觀、口感滑順的茶凍。
拿來當成布丁或是巴巴露亞 (Bavarois) （譯註）的醬汁都很適合。

材料 (約 400mℓ 份量)

紅茶 (事先沖泡過)……800mℓ

細砂糖……250g

檸檬……1/2 顆份

果膠粉……12g(2 大匙)

作法

1. 將 50g 的細砂糖和果膠粉攪拌均勻。

2. 在鍋內倒入剩下的細砂糖和紅茶，開小火熬煮直到剩下一半的份量，大約是 30 分鐘。

3. 加入檸檬汁和步驟①，調整爲中火繼續熬煮約 15~20 分鐘，直到呈現濃稠狀，並使用木匙等攪拌工具持續攪拌。如果有手邊有蒂凡茶酒(Tiffin) 的話，可以於熄火前加入約 1 小匙的量。

POINT

果膠是做出濃稠狀態的要素，粉末狀的商品可以在市面上購買到。

大約熬煮到剩下一半份量時，攪拌的同時會感覺到比較難以推動，此時就是剛剛好的狀態。

---

1. 譯註 : 來自法國的一種奶油甜點
2. 紅茶使用大吉嶺、錫蘭、阿薩姆、伯爵等任何個人喜好的種類皆可。

レモンカード

檸檬蛋黃醬

利用雞蛋所製作的蛋黃醬，與卡士達醬類似，通常被填入派或是塔皮的內餡。

材料 (約 300mℓ 份量)

蛋液……2 顆份
蛋黃……2 顆份
細砂糖……150g
檸檬汁……100mℓ
檸檬皮 (刨成細絲狀)……2 顆份
無鹽奶油……80g

作法

① 在鍋內加入蛋液和蛋黃，加入細砂糖仔細攪拌。

② 將檸檬汁和檸檬皮加入鍋中，轉中火加熱，使用打蛋器或木匙等工具，一邊攪拌一邊熬煮。

③ 為了不燒焦黏底，請記得加熱的同時要持續攪拌。煮至開始變成濃稠狀態後，加入奶油拌勻即可熄火。

POINT

所有的食材。加入奶油可讓味道的層次更加鮮明。檸檬皮則是香味的關鍵所在。

可以使用木匙或打蛋器攪拌。使用打蛋器的話，容易讓整體的質地變得滑順。

檸檬請事先用溫水清洗過再刨絲。

ゆずカード

香橙蛋黃醬

以香橙替代檸檬蛋黃醬中的檸檬，帶點和風味道的蛋黃醬。

材料 (約 400mℓ 份量)

蛋液……2 顆份

蛋黃……2 顆份

細砂糖……150g

香橙果汁 (現搾) ……100mℓ

香橙皮 (刨成細絲狀) ……2 顆份

無鹽奶油……80g

作法

❶ 在鍋內加入蛋液和蛋黃，加入細砂糖仔細攪拌。

❷ 將香橙果汁和橙皮加入鍋中，轉中火加熱，使用打蛋器或木匙等工具，一邊攪拌一邊熬煮。

❸ 爲了不燒焦黏底，請記得加熱的同時要持續攪拌。煮至開始變成濃稠狀態後，加入奶油拌勻卽可熄火。

香橙請事先用溫水清洗過再刨絲。

香橙蛋黃派

使用香橙所製作的和風口味蛋黃醬，
包裹入派皮中，嶄新的搭配風味推薦給您。

ゆずカードパイ

酥皮解凍後利用桿麵棍延展開來，分切成 4 等份。

材料 (8 個份)

香橙蛋黃醬 (參照 P.127)……200g

冷凍酥皮……2 片

蛋液……適量

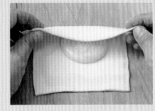

利用蛋液黏著的特性，塗抹在酥皮四周，對折。

作法

❶ 將酥皮放置於室溫解凍，利用桿麵棍延展擀開，分成 4 等份。

❷ 在酥皮四周塗抹上蛋液，接著於酥皮正中間稍稍靠近自己的位置塗抹上約 1/2 份量的香橙蛋黃醬，從反方向開始將酥皮往靠近自己側對折。

❸ 將邊緣緊密的密封住，四周再往回折，按壓使其黏合。

❹ 將步驟③放在鋪上烘焙紙的烤盤，並在各個派皮塗上剩餘的蛋液。烤箱預熱溫度設定爲 200 度，烘烤 25~30 分鐘。

四周密封後，再往回折，按壓使其黏合。

在每個派皮上塗抹剩餘的蛋液，增添光澤感。

PART 3

必吃風味
抹醬

這個章節會介紹巧克力醬、核桃奶油、焦糖醬、鷹嘴豆泥醬等等各式抹醬。只要準備好各式不同口味的抹醬，日常的麵包會有更多不同的吃法，讓餐桌上的風景更有活力。

ドライフルーツジャム

水果乾果醬

結合了數種水果乾，熬煮成濃稠的果醬。
馥郁的氣味中品嚐得到各式果香的豐富層次感。

材料 (約 750mℓ 份量)

個人喜好的水果乾…… 合計約 300g
細砂糖……150g
檸檬汁……1/2 顆份
白酒……50mℓ

作法

❶ 以溫水清洗水果乾，再將果乾泡入
   裝滿水的容器(可讓果乾浮出水面
   的水量即可)內約半天。中途請換
   水兩次。

❷ 瀝乾水分，再將果乾切成 1.5cm 的
   塊狀放入鍋內，加入細砂糖和檸檬
   汁拌勻，靜置約 30 分鐘。

❸ 開始出水呈現濕潤狀態後，轉大火
   加熱，沸騰後調整爲中火。一邊使
   用濾網去除掉浮沫，一邊持續熬煮
   約 15 分鐘。熬煮的同時，請記得
   使用木匙等工具不停地翻動。

❹ 煮至開始呈現濃稠狀態後即可加入
   白酒，再次使其沸騰後立卽熄火。

 POINT

水果乾可以挑選自己喜歡的
種類。照片中分別爲藍莓、
杏桃、無花果、葡萄乾。

相較之下，這款果醬水分較
少，熬製時請記得不斷地用
木匙攪拌才不會黏底燒焦。

水果乾可以挑選葡萄乾、無花果、杏桃、藍莓等搭配組合。

チョコレートペースト

巧克力抹醬

僅利用巧克力、牛奶與奶油製作而成的抹醬,口感十分厚實的抹醬。
亦可增加苦味調配成大人的口味。

材料 (約 180mℓ 份量)

巧克力 (市售的板狀巧克力)……100g
牛奶……50mℓ
無鹽奶油……30g

作法

❶ 將巧克力切成細碎狀,隔水加熱。

❷ 在小鍋內倒入牛奶,使其沸騰。

❸ 趁步驟①還是溫熱的狀態下,加入奶油、步驟②,可以依照個人喜好加入 1 小匙的蘭姆酒,將整體攪拌均勻即可。

POINT

隔水加熱時將巧克力放在大一點的調理碗裡,再用口徑比較小的鍋子隔水加熱,可避免水氣或熱氣侵入鍋內。

趁巧克力還是溫熱的狀態,加入奶油爲製作的訣竅。這樣做的話奶油才會徹底融化,與巧克力充分拌匀。

趁熱填裝入清潔過的瓶子內,冷卻後再放入冰箱冷藏保存。約可保存 2 個星期。

くるみバター

核桃奶油抹醬

滿滿濃郁的核桃香氣，奢侈的味道容易使人上癮。
請記得要事先將核桃烤過為製作上的重點。

材料 (約 250mℓ 份量)

核桃……150g
鹽……1 小撮
細砂糖……100g
水……100mℓ
無鹽奶油……30g

作法

❶ 烤箱以 160 度預熱，將核桃放入烘烤約 10 分鐘。

❷ 將核桃放入鍋內，再放入鹽、細砂糖和水，轉中火加熱，期間請持續用木匙等工具攪拌。熬煮約 5~10 分鐘即可熄火冷卻。

❸ 熱度散去後，將食材放入食物調理機內攪拌，途中加入奶油使其呈現膏狀。稍稍留下一點顆粒狀的狀態，口感較佳。

＼ ／ POINT ／ ＼

將核桃放入預熱 160 度的烤箱內烘烤，香氣會更加明顯，也能烤出油脂。

煮過的核桃放入食物調理機內攪拌，再放入切成一塊一塊的奶油。

キャラメルジャム

焦糖抹醬

將細砂糖熬出帶有糖色的焦糖，甜中夾帶著一抹苦味，是一種讓人懷念的味道。

材料 (約 200mℓ 份量)

鮮奶油……100mℓ

細砂糖……100g

水……50mℓ

作法

❶ 將冰過的鮮奶油回復成常溫。

❷ 在鍋內加入水和細砂糖，開中火加熱，煮至細砂糖上色。

❸ 鍋中的砂糖呈現焦糖的色澤後即可熄火，將步驟①分成 3~4 次加入鍋中攪拌 (請小心鍋中上升的熱氣，調理時不要燙傷)，再次打開中火加熱並持續攪拌。煮至開始呈現濃稠狀態時即可熄火。

⟍⟋ POINT ⟍⟋

將水與細砂糖加入鍋中熬煮，持續攪拌鍋中的糖，漸漸地開始上色。

變成稍濃的焦糖色澤時即可熄火。鮮奶油以繞圈的方式倒入鍋中。

攪拌均勻鍋中的鮮奶油，再次開火加熱，煮至呈現濃稠狀態即可熄火。

ミルクジャム　　　　　　　　　　　　　ミルク＆抹茶ジャム

牛奶抹醬

熬煮成濃稠質感的牛奶，帶著濃厚口味的牛奶醬相當受到歡迎。

材料 (約 350mℓ 份量)

牛奶……400mℓ
鮮奶油……100mℓ
含糖煉乳……100mℓ
細砂糖……100g

作法

❶ 在鍋內加入全部的食材，如果有食用小蘇打粉的話，加入 1 小撮的量，打開中火加熱。

❷ 沸騰後調整爲小火，加熱時請記得攪拌以避免燒焦黏底，熬煮至剩下約一半的份量 (約 1 小時～ 1 小時半)。

❸ 煮至開始呈現濃稠狀態後即可熄火。

1. 加入小蘇打粉可以快一點煮至濃稠的狀態。沒有加入並不會影響製作。
2. 沒有煉乳的話，可將鮮奶油增加至 200mℓ、細砂糖增加至 150g 替代。

牛奶 & 抹茶抹醬

滑順的口感帶點甘甜的一匙抹醬，讓日常的吐司增添幸福的滋味。

材料 (約 350mℓ 份量)

牛奶……400mℓ
鮮奶油……100mℓ
含糖煉乳……100mℓ
細砂糖……100g
抹茶粉……5g

作法

❶ 將抹茶以外的食材，全部加入鍋內，作法與牛奶抹醬步驟①～②相同。

❷ 煮至開始呈現濃稠狀態後，熄火前挖出 1 大匙的牛奶抹醬，使其與抹茶粉拌勻，再倒回鍋內與其它抹醬仔細攪拌均勻即可。

プルーン＆紅茶ジャム

蜜棗&紅茶果醬

將果乾的濃厚甘甜香氣運用於果醬製作上，形成獨特又豐富多元的口味。

材料 (約 450mℓ 份量)

蜜棗乾 (無籽)……300g

細砂糖……150g

檸檬汁……1/2 顆份

紅茶 (事先沖泡過) ……50mℓ

作法

❶ 將蜜棗乾放在濾網上，迅速地以熱水燙過，再切成 4 等份。浸泡在水中約 1 個小時。

❷ 將蜜棗的水分瀝乾後放入鍋中，加入細砂糖、檸檬汁充分攪拌，靜置約 30 分鐘。

❸ 開始出水呈現濕潤狀態後，轉大火加熱，沸騰後調整為中火。一邊使用濾網去除掉浮沫，一邊持續熬煮約 15 分鐘。熬煮的同時，請記得使用木匙等工具不停地翻動。

❹ 煮至開始呈現濃稠狀態後，加入紅茶，再次沸騰後即可熄火。

＼＼ POINT ／／

將果乾用熱水燙過後切成 4 等份，浸泡在水中泡發可以去除果乾的霉味。

由於容易燒焦黏底，請在加熱時使用橡膠刮刀等工具不間斷地攪拌。紅茶則於熄火前添加，紅茶的香氣更能充分發揮。

紅茶建議使用伯爵或阿薩姆為佳。

ホットティー用しょうがジャム　　　しょうがレモンジャム

適合搭配熱茶的生薑抹醬

吃了可以暖身,特有的辛辣香氣則為這款抹醬增添獨特韻味,讓人一試成主顧。加入蔗糖還能創造出豐富的層次,美味程度更上一層。

材料 (約 300mℓ 份量)

生薑……150g
蔗糖……120g
檸檬汁……1/2 顆份
丁香……2 顆
小荳蔻……1 顆
水……100mℓ

作法

❶ 將生薑削皮,切成薑末。

❷ 鍋內加入薑末、蔗糖、檸檬汁、丁香、小荳蔻充分攪拌,靜置約 30 分鐘。

❸ 加水並打開大火加熱,沸騰後再調整為小火。一邊使用濾網去除掉浮沫,一邊持續熬煮約 10 分鐘。熬煮的同時,請記得使用木匙等工具不停地翻動。

❹ 煮至開始呈現濃稠狀態後即可熄火。

此款抹醬可兌氣泡水或熱水一起飲用,很棒的滋味。拿來當作優格或冰淇淋的配料、或是肉類料理的調味也皆適宜。放在咖哩裡增加風味,也是很不錯的用法。

生薑檸檬抹醬

生薑與檸檬的組合讓人吃了會上癮。吃了能夠從裡而外溫暖身心的一款抹醬。

材料 (約 400mℓ 份量)

生薑……150g
細砂糖……150g
檸檬皮……1/2 顆份
水……200mℓ

作法

❶ 將生薑削皮,磨成薑泥。檸檬仔細清洗後 (參照 P.59) 削皮,將果皮內側的白色薄膜用湯匙等工具去除,再切成細絲。

❷ 將生薑泥與檸檬絲放入鍋內,加入細砂糖充分攪拌,靜置約 30 分鐘。

❸ 開始出水呈現濕潤狀態後,轉大火加熱,沸騰後調整為小火。一邊使用濾網去除掉浮沫,一邊持續熬煮。熬煮的同時,請記得使用木匙等工具不停地翻動。

❹ 煮至生薑呈現通透狀,水份開始收乾後即可熄火。

白いんげん豆ジャム

白腰豆泥醬

藉由蜂蜜的調和引出白腰豆本身微微的甜味，組合出一股療癒的滋味。
比起一般的煮豆多了些甘甜的味道。

材料 (約 500mℓ 份量)

白腰豆 (乾燥)……150g
細砂糖……180g
水……適量
蜂蜜……1 大匙

作法

❶ 將白腰豆清洗過後，浸泡於大量的
水中一晚。

❷ 用濾網瀝乾水分後放入鍋中，倒入
可以覆蓋整體食材的水量，開大火
加熱。沸騰後轉爲小火，一邊去除
掉浮沫，一邊加熱，熬煮至豆類變
軟。

❸ 再次倒至濾網上瀝乾後，放回鍋內
並加入細砂糖，倒入可以覆蓋整體
食材的水量。沸騰後再次調整爲小
火，熬煮 10~15 分鐘。

❹ 熬煮至水分收乾後，加入蜂蜜拌
勻。將整體食材倒至食物調理機，
攪拌至個人喜好的滑順狀態卽可。

POINT

加入可以覆蓋整體的水量和
細砂糖，再次熬煮。

可以使用食物調理機攪拌，
或是直接於熬煮時使用木匙
等工具將豆子壓成泥狀也
OK。

ひよこ豆ジャム

鷹嘴豆泥醬

甜甜時髦的抹醬，帶著鬆軟的口感以及黑糖與蘭姆酒的香氣，
豐富的元素造就出這款無國籍的美味。

材料 (約 500mℓ)

鷹嘴豆 (乾燥)……150g
黑糖……100g
水……適量
蘭姆酒……1 大匙

作法

1. 將鷹嘴豆清洗過後，浸泡於大量的水中半天。

2. 倒到濾網上瀝乾水分後再放入鍋中，接著倒入可以覆蓋整體食材的水量，開中火加熱。沸騰後轉為小火，一邊使用濾網去除掉浮沫，一邊加熱，熬煮至豆類變軟。

3. 再次倒至濾網上瀝乾水分後，倒回鍋內並加入黑糖，倒入可以覆蓋整體食材的水量。開大火加熱，沸騰後再次調整為中火，熬煮 10~15 分鐘。熬煮的同時，用木匙等工具將豆子搗碎。煮到水分開始收乾後，即可加入蘭姆酒拌勻。

4. 熄火後，將鍋內的食材倒至食物調理機內，攪拌至滑順的狀態即可。

POINT

鷹嘴豆為中東和地中海地區常用來入菜的食材。放入水中泡發，約可膨脹至 2 倍的大小。

將豆類熬煮至軟爛後，再添加黑糖和水。熬煮的同時請不時的翻動食材。

あずきミルクジャム

紅豆牛奶抹醬

乍看之下宛如傳統的紅豆餡外觀，一入口，比起其它的紅豆類甜點，
深邃且新潮的味道讓人驚奇連連。

材料 (約 500mℓ 份量)

紅豆 (乾燥)……150g

三溫糖……150g

水……適量

含糖煉乳……70g

作法

❶ 將紅豆清洗過後，浸泡於大量的水
中一晚。隔天於濾網上瀝乾水分後
放入鍋中，倒入可以覆蓋整體食材
的水量，開中火加熱。沸騰後轉為
小火，一邊去除掉浮沫，一邊加
熱，熬煮至豆類變軟。

❷ 再次倒至濾網上瀝乾水分後，放回
鍋內並加入三溫糖，倒入可以覆蓋
整體食材的水量，開中火加熱。沸
騰後調整為小火，熬煮約 10~15 分
鐘。熬煮的同時，用木匙等工具將
豆子搗碎。

❸ 煮到水分開始收乾後，加入煉乳並
快速的攪拌後即可熄火。

POINT

紅豆適合搭配帶有豐富層次
味道的三溫糖。如果沒有三
溫糖的話，亦可用細砂糖或
上白糖替代。

加入煉乳後，快速的拌勻即
可熄火。

栗＆バニラジャム

栗子&香草抹醬

奢侈地使用了大量栗子的一款抹醬。
塗在吐司上立刻變身成宛如蒙布朗般的馥郁口味。

材料 (約 450mℓ 份量)

栗子……300g (帶皮約 450g)

細砂糖……180g

水……適量

香草莢……1/2 條

作法

❶ 將栗子泡在熱水約 10 分鐘，較易剝皮。剝皮後切半將栗子肉取出。香草莢則切半將籽取出。

❷ 在鍋內加入取出的栗子肉、細砂糖並倒入可以覆蓋整體食材的水量，開中火加熱。沸騰後調整為小火，加入香草籽和香草莢，一邊撈取浮沫持續熬煮約 20~30 分鐘至栗子軟化。

❸ 煮到水分開始收乾後，將香草莢取出。將鍋內的食材倒至食物調理機內，攪拌至滑順的狀態即可。

⟩⟩ POINT ⟨⟨

將栗子浸泡在熱水內使皮變軟，即可切半取出栗子肉。

仔細地撈取浮沫，再放入香草莢和香草籽。

沒有香草莢的話，亦可使用 3 滴香草精代替。

黒ごま豆乳ジャム

黑芝麻豆乳抹醬

乍看之下無法知道是什麼口味的黑色抹醬，
放入口中時芝麻的油脂與香氣擴散開來，馥郁的香氣讓人印象深刻。

材料 (約 250mℓ 份量)

黑芝麻醬……20g

無調整豆乳 (譯註)……200mℓ

鮮奶油……200mℓ

細砂糖……100g

作法

❶ 在鍋內加入豆乳、鮮奶油、細砂糖攪拌均勻，開中火加熱。沸騰後調整為小火熬煮約 50 分鐘。熬煮的同時請不時攪拌避免燒焦。

❷ 煮至開始變得濃稠時，加入黑芝麻醬拌勻。繼續熬煮約 10 分鐘，再次變稠後即可熄火。

POINT

在鍋內倒入豆乳、鮮奶油和細砂糖。為了不燒焦黏底，請有耐心地一邊熬煮一邊翻攪。

煮至開始變得濃稠時，加入黑芝麻醬。

1. 黑芝麻醬亦可用白芝麻醬替代，成品會是奶油色的抹醬。

2. 譯註：日本的無調整豆乳類似台灣的無糖豆漿。因為製法的不同，大豆味道會更加明顯。通常可於日系超市購得。

PART 4

蔬菜抹醬和
鹹味抹醬

這個章節要介紹的是使用蔬菜製成的蔬菜抹醬。無
論是大人或小孩都喜歡的口味,不知不覺就會不小
心吃了太多。此外,也不要忘了還有鹹口味抹醬,
會讓你想要一吃再吃的是哪一種抹醬呢?

トマトジャム

番茄抹醬

利用含有大量甜味的番茄所熬製成的抹醬。番茄的甜味意外的與甜食十分對味。

材料 (約 350mℓ 份量)

番茄……300g

細砂糖……80g

檸檬汁……1/2 顆份

作法

❶ 將番茄去除蒂頭，利用汆燙的方式去皮並切成一口大小，去除掉番茄籽後放入鍋內。加入細砂糖和檸檬汁拌勻，靜置約 30 分鐘。

❷ 開始出水呈現濕潤狀態後，轉大火加熱，沸騰後調整爲中火。一邊使用濾網去除掉浮沫，一邊持續熬煮約 20 分鐘。熬煮的同時，請記得使用木匙等工具不停地翻動。

❸ 煮至開始呈現濃稠狀態後，即可熄火。

POINT

加入細砂糖和檸檬汁均勻地攪拌。

使用木匙等工具稍稍將番茄肉壓爛的方式熬煮。

トマトレーズンジャム　　　　　　　　　トマトりんごジャム

番茄
葡萄乾抹醬

這款可能會成爲話題,不斷被詢問這是什麼抹醬?意想不到的組合,出乎意料的讓人吃了就上癮。

材料 (約 400mℓ 份量)

番茄……300g

細砂糖……80g

檸檬汁……1/2 顆份

葡萄乾……50g

作法

❶ 將番茄去除蒂頭,利用汆燙的方式去皮並切成一口大小,去除掉番茄籽後放入鍋內。加入細砂糖和檸檬汁拌勻,靜置約 30 分鐘。

❷ 開始出水呈現濕潤狀態後,轉大火加熱,沸騰後調整爲中火。一邊使用濾網去除掉浮沫,一邊持續熬煮約 20 分鐘。熬煮的同時,請記得使用木匙等工具不停地翻動。

❸ 煮至開始呈現濃稠狀態後,加入葡萄乾,再次使其沸騰後即可熄火。

番茄
蘋果抹醬

這款抹醬直接吃就很好吃。健康的口味讓人一吃就愛上。

材料 (約 550mℓ 份量)

番茄……300g

蘋果……200g

細砂糖……100g

檸檬汁……1 顆份

作法

❶ 將番茄去除蒂頭,利用汆燙的方式去皮並切成一口大小,去除掉番茄籽。蘋果則清洗後削皮去芯,切成銀杏片狀。

❷ 將番茄和蘋果放入鍋內,加入細砂糖和檸檬汁拌勻,靜置約 30 分鐘。開始出水呈現濕潤狀態後,轉大火加熱,沸騰後調整爲中火。一邊使用濾網去除掉浮沫,一邊持續熬煮約 20 分鐘。熬煮的同時,請記得使用木匙等工具不停地翻動。

❸ 煮至開始呈現濃稠狀態後,即可熄火。

にんじんジャム

紅蘿蔔抹醬

吃得到紅蘿蔔本身的甜味，並加入蜂蜜，熟悉的味道讓人想起小時候
吃過的紅蘿蔔泥。抹醬中的肉桂粉，則替整體創造出更豐富的感受。

材料 (約 450mℓ 份量)

紅蘿蔔……300g

細砂糖……180g

檸檬汁……1/2 顆份

肉桂粉……1 小匙

蜂蜜……1 大匙

作法

❶ 將紅蘿蔔削皮研磨成泥，放入鍋
中。加入細砂糖和檸檬汁拌勻，靜
置約 30 分鐘。

❷ 開始出水呈現濕潤狀態後，轉大火
加熱，沸騰後調整爲中火，加入肉
桂粉。一邊使用濾網去除掉浮沫，
一邊持續熬煮 10~15 分鐘。熬煮
的同時，請記得使用木匙等工具不
停地翻動。

❸ 煮至開始呈現濃稠狀態後，加入蜂
蜜拌勻卽可熄火。

POINT

將紅蘿蔔研磨成泥爲這款抹
醬做出滑順質感的重點。亦
可使用食物調理機研磨。

紅蘿蔔加熱到一定程度後，
卽可加入肉桂粉。

肉桂粉亦可使用肉桂棒代替。使用肉桂棒的話，將研磨過的紅蘿蔔與肉桂棒一同放
入鍋內。

玉ねぎジャム

洋蔥抹醬

為了不使其燒焦，需要持續地翻炒洋蔥，
直到洋蔥呈現焦糖褐色，最後再撒入細砂糖拌勻。

材料 (約 200mℓ 份量)

洋蔥……300g
橄欖油……2 大匙
鹽……1 小撮
細砂糖……20g

作法

❶ 將洋蔥剝皮，縱向切成薄片。

❷ 鍋內倒入橄欖油加熱，加入步驟①
然後撒鹽，開小火慢慢地翻炒。炒
至呈現焦糖褐色後，撒入細砂糖攪
拌均勻後，即可熄火。

＼／ POINT ＼／

使洋蔥不要炒焦的方式，即
為開小火慢慢地翻炒。

開始變成濃厚的焦糖褐色
時，即可撒入細砂糖於鍋
中。

洋蔥切成薄片後，放入耐熱容器內並覆蓋上保鮮膜，用微波爐加熱 5~6 分鐘。利用
微波爐加熱，再進行翻炒的話，洋蔥會比較快熟透。

紫いもジャム

紫心番薯抹醬

讓人沉醉的美麗紫色抹醬，鬆軟的口感使人吃了心情放鬆。

材料 (約 400mℓ 份量)

紫心番薯……300g
細砂糖……120g
水……適量

作法

❶ 將紫心番薯削皮，切成 2cm 的厚度，浸泡在水裡。

❷ 將番薯瀝乾水分，放入鍋內，再倒入細砂糖和可以覆蓋住食材的水量，開中火加熱。

❸ 熬煮至番薯軟化的狀態後，即可使用木匙等工具壓碎番薯。水分收乾後即可熄火。

在番薯尚未煮軟化的狀態時，水量不足的話請適度的添加。

かぼちゃジャム

南瓜抹醬

蔬菜抹醬中最有人氣的一款。容易入口的口感，讓小朋友也都吃得津津有味。

材料 (約 550mℓ 份量)

南瓜……300g
三溫糖……100g
水……250mℓ

作法

❶ 將南瓜去皮去籽，並除掉蒂頭，再切成 2cm 的塊狀。

❷ 放入鍋中，加入三溫糖、水，蓋上鍋蓋轉中火加熱。

❸ 南瓜熬煮至軟化的狀態後，即可使用木匙等工具壓碎南瓜。水分收乾後即可熄火。最後可以依照個人喜好加入 1 小匙的蘭姆酒增添風味。

さつまいもジャム

番薯抹醬

類似和菓子或是地瓜燒的外觀，令人懷念的味道，讓人忍不住一口接著一口。

材料（約 450mℓ 份量）

番薯……350g

細砂糖……100g

檸檬汁……1 大匙

水……適量

蜂蜜……1 大匙

作法

❶ 番薯削皮，切成 1~2cm 的厚度，浸泡在水裡。

❷ 在鍋中放入瀝乾水分的番薯，並加入細砂糖、檸檬汁、可以覆蓋住食材的水量，蓋上鍋蓋轉中火加熱。

❸ 番薯煮到軟爛的狀態後，一邊加熱、一邊使用木匙等工具搗成泥狀。煮到水分收乾後，加入蜂蜜後即可熄火。

POINT

將番薯浸泡於水中，瀝乾水分後再熬煮，可以去除生味並保持番薯本身美麗的顏色。

番薯煮至開始軟化後，持續的加熱並用木匙將其搗碎。

在番薯尚未熬煮至軟爛的狀態時，水量不足的話請適度的添加。

なすの塩味ジャム

茄子的鹹味抹醬

這道來自南法的抹醬，茄子籽乍看之下宛如魚子醬般，
亦被稱作「茄子版的魚子醬」。非常適合搭配紅酒一起食用。

材料 (約 150ml 份量)

茄子……3 條

橄欖油……1 大匙

蒜頭(切末)……1 瓣

鯷魚(切碎)……3 片

巴沙米可醋(或醬油)……1 小匙

鹽…… 1/5 小匙

黑胡椒……少許

作法

❶ 將茄子縱向劃出 6 道刀紋，再放入
烤箱烤至表面呈現乾乾微焦的狀
態。

❷ 將步驟①的茄子剝皮，茄子肉細切
成小塊。

❸ 在平底鍋內倒入橄欖油，加入蒜頭
轉小火拌炒。開始飄散出香味後，
加入步驟②和鯷魚繼續拌炒。

❹ 炒香後，再加入巴沙米可醋、鹽、
黑胡椒拌炒約 1 分鐘，即可熄火。

ミニトマトの塩味ジャム

小番茄的鹹味抹醬

藉由蜂蜜與鹽的提味，使番茄自然的甘甜更加鮮明。
完成時可撒上羅勒葉增添色澤。塗抹在烤得酥脆的法國麵包也是很不錯的選擇。

材料 (約 200mℓ 份量)

小番茄……200g
蜂蜜……2 大匙
鹽……1/4 小匙

作法

❶ 將小番茄去蒂後清洗乾淨，瀝乾水分並切半。

❷ 在鍋內加入小番茄、蜂蜜、鹽，開中火加熱約 5 分鐘。途中，不時地用木匙等工具翻動。

❸ 煮至開始呈現濃稠狀態後即可熄火。

レモンの塩ジャム　　　　　　　　にんじんグラッセジャム

檸檬的鹹味抹醬

當成生魚片、義式薄切生肉片 (Carpaccio) 的佐料，或是當成醬料使用。
適合用來調味的一款抹醬。

材料 (約 200mℓ 份量)

檸檬……200g
鹽……40g(檸檬重量的 20%)

作法

❶ 將檸檬充分洗淨，皮切成細條狀。
果肉則切半去籽，切成細碎狀。

❷ 起一鍋滾水，加入檸檬皮熬煮，沸
騰後倒至濾網瀝乾水分。倒掉鍋內
的熱水，再重複同樣的步驟一次。

❸ 在鍋內加入步驟①的檸檬果肉和步
驟②瀝乾水分的檸檬皮，加鹽並開
中火加熱約 3~4 分鐘。熬煮的同
時，用木匙等工具不時地翻攪。

❹ 煮至呈現濃稠狀態後即可熄火。

糖漬紅蘿蔔抹醬

包夾在三明治內，切口的紅蘿蔔色澤顯目又漂亮。
依照個人喜好，加入孜然或是葡萄乾增添風味皆適宜。

材料 (約 150mℓ 份量)

紅蘿蔔……100g
砂糖……1 小匙
鹽……1/4 小匙
水……100mℓ

作法

❶ 將紅蘿蔔削皮，切成薄片。

❷ 在鍋內加入紅蘿蔔、砂糖、鹽、水，
開中火加熱約 10 分鐘。熬煮的同時
用木匙等工具不時地翻攪。

❸ 煮至水分收乾後，即可熄火。放入
食物調理機內打成泥狀(沒有食物
調理機的話，使用叉子等工具搗碎
也可以)。

玉ねぎの塩ジャム

洋蔥的鹹味抹醬

除了搭配烤吐司的基本吃法，淋在沙拉上調味，則是一種很時髦的吃法。
冷藏可保存 1 個月。

材料 (約 150mℓ 份量)

洋蔥……200g
奶油……10g
醋……1 小匙
砂糖……1 小匙

作法

❶ 將洋蔥剝皮後切成薄片，放入耐熱
調理碗內 (P.15)，覆蓋上保鮮膜，
用微波爐加熱 5 分鐘。

❷ 將奶油放入平底鍋內加熱，加入步
驟①以小火拌炒約 5 分鐘。

❸ 炒至整體開始呈現茶色狀態後，加
入醋、砂糖拌勻。完成時，可以再
撒上些粉紅胡椒(如果有的話)。

かぼちゃの塩ジャム

南瓜的鹹味抹醬

用微波爐就可以製作，不會太甜的蔬菜抹醬。亦可利用番薯替代南瓜。

材料 (約 150mℓ 份量)

南瓜……150g

楓糖漿或是蜂蜜……1 大匙

鹽……1/4 小匙

作法

❶ 將南瓜去皮，並去除掉籽和蒂頭，切成一口大小，放入耐熱調理碗內。覆蓋上保鮮膜，用微波爐加熱4~5 分鐘。

❷ 趁食材仍是熱的狀態時，搗成泥狀，並加入楓糖漿、鹽拌勻即可。

枝豆の塩ジャム

毛豆的鹹味抹醬

稍微帶點鹹味的毛豆泥。
可以沾裹著麻糬一起吃，或是直接當作茶點享用也 OK。

材料 (約 200ml 份量)

毛豆仁……170g(帶殼約 400g)
砂糖……30g
鹽……1/2 小匙
水……100ml

作法

❶ 將煮過的毛豆從豆莢中取出，去除掉表面的薄膜。

❷ 放入食物調理機內，加入砂糖、鹽打碎成泥狀。

❸ 倒至鍋內，開中火加熱約 7~8 分鐘，熬煮的同時請記得用木匙等工具攪拌。

❹ 煮至開始呈現濃稠狀態後即可熄火。

taste
T
03

常備果醬研究室

100 道零失敗當令果醬 × 減糖果醬 × 鹹味抹醬，健康美味

作者 ｜ 飯田順子
譯者 ｜ Allen Hsu
選書編輯 ｜ 黃文慧
裝幀設計 ｜ Rika Su
特約編輯 ｜ J.J.CHIEN

出版 ｜ 境好出版事業有限公司
總編輯 ｜ 黃文慧
主編 ｜ 賴秉薇、蕭歆儀、周書宇
行銷經理 ｜ 吳孟蓉
會計行政 ｜ 簡佩鈺
地址 ｜ 10491 台北市中山區松江路 131-6 號 3 樓
網址 ｜ https://www.facebook.com/JinghaoBOOK
電話 ｜ (02)2516-6892
傳眞 ｜ (02)2516-6891
電子信箱 ｜ JinhaoBOOK@gmail.com

發行 ｜ 采實文化事業股份有限公司
地址 ｜ 10457 台北市中山區南京東路二段 95 號 9 樓
電話 ｜ (02)2511-9798
傳眞 ｜ (02)2571-3298

法律顧問 ｜ 第一國際法律事務所 余淑杏律師

ISBN ｜ 9789860662153
定價 ｜ 420
初版一刷 ｜ 2021 年 8 月

日文版製作團隊
攝　影　大井一範（P.170-176）
設　計　神谷昌美
協力編輯　杉岾伸香（營養師）
影片編輯　大井彩冬
DTP 製作　伊大知桂子、松田修尙（主婦の友社）
責任編輯　宮川知子（主婦の友社）

季節の果物で作るおいしいジャムレシピ１００
© Junko Iida 2020
Originally published in Japan by Shufunotomo Co., Ltd
Translation rights arranged with Shufunotomo Co., Ltd.
Through Keio Cultural Enterprise Co., Ltd.

國家圖書館出版品預行編目 (CIP) 資料

常備果醬研究室：100 道零失敗當令果醬 × 減
糖果醬 × 鹹味抹醬，健康美味 / 飯田順子著 . --
初版 . -- 臺北市：境好出版事業有限公司出版：采
實文化事業股份有限公司發行, 2021.08
　面；　公分 . -- (taste ; 3)
ISBN 978-986-06621-5-3(平裝)

1. 果醬 2. 食譜

427.61　　　　　　　　　　　　110009699